房屋使用安全典型案例汇编

叶小锋　张晓军　胡园园　著

中国石化出版社

·北京·

内 容 提 要

本书内容共由两部分组成，第一部分为案例汇编，重点介绍全国各地及西安市发生的一些典型房屋安全损害案例，包含机械振动、相邻施工、意外火灾、水灾或地基被水浸泡、爆炸、私自增层或拆改结构、设计不当、结构老化、事故纠纷、地质灾害、地震等房屋安全损害类型；第二部分为思考与建议，重点介绍作者针对房屋安全现状提出的思考与建议。

本书可供相关管理人员和工程技术人员参考使用。

图书在版编目（CIP）数据

房屋使用安全典型案例汇编／叶小锋，张晓军，胡园园著．—北京：中国石化出版社，2023.9
ISBN 978-7-5114-7317-2

Ⅰ．①房… Ⅱ．①叶… ②张… ③胡… Ⅲ．①房屋-安全管理-案例-汇编-中国 Ⅳ．①TU746.2

中国国家版本馆 CIP 数据核字（2023）第 186455 号

中国石化出版社出版发行

地址:北京市东城区安定门外大街 58 号
邮编:100011　电话:(010)57512500
发行部电话:(010)57512575
http://www.sinopec-press.com
E-mail:press@sinopec.com
北京富泰印刷有限责任公司印刷
全国各地新华书店经销

*

710 毫米×1000 毫米 16 开本 13 印张 213 千字
2023 年 10 月第 1 版　2023 年 10 月第 1 次印刷
定价:50.00 元

《房屋使用安全典型案例汇编》
编　委　会

主任：叶小锋　张晓军　胡园园

委员：王晓聪　吕　刚　代建波　王　枫　杜晓青

前言 Preface

　　为了做好城镇既有房屋的安全管理，原建设部出台了《城市危险房屋管理规定》(建设部令第 129 号)，西安市也出台了《西安市城市房屋使用安全管理条例》等相关法律法规。但在实际生活工作中，对既有建筑物的使用安全管理，一直重视程度不够，形成了重建设、轻管理的现象，房屋产权人或者使用人为了满足个人的使用需要，乱拆乱改房屋承重结构，造成严重安全隐患。

　　因此，为了不断提高各级各类房屋安全管理人员正确科学使用房屋的意识，避免出现房倒屋塌、伤人毁物等责任事故，确保人民群众安居乐业，生命财产安全不受损害，我们收集了全国各地及西安市发生的一些典型房屋安全损害案例，通过对鉴定报告或事故调查报告的分析，剖析主观原因和客观原因，总结经验教训，以期对既有房屋的使用安全提供借鉴经验。

　　我们在编写此书的时候，按照不同的受损原因，同时也结合西安市特有的地质特点，如地裂缝、湿陷性黄土区域等，进行分类编写(部分案例引用国家或省、市相关部门的通报)，对事故进行原因分析，总结事故的经验教训，以期引起各管理单位及责任人的重视，提高管理和服务水平，避免再次发生类似的房屋使用安全责任事故，确保人民群众生命财产安全。

参加本书撰写的人员为陕西中立检测鉴定有限公司的各位专家、技术人员：高级工程师叶小锋（第一部分的第一节、第二节、第三节的案例1、第六节、第九节、第十一节），高级工程师胡园园、工程师张晓军（合作撰写第三节的案例2、第四节及第二部分），高级工程师吕刚（第五节），高级工程师代建波（第七节），高级工程师王枫（第八节），工程师王晓聪（第十节），工程师杜晓青（第十一节），另外王晓聪还参与了本书的资料检索和校核工作。

由于编者的水平有限，本书中存在一定程度的不足之处，请大家给予批评指正。

第二部分　思考与建议

第一部分 案例汇编

一、机械振动影响

镇巴县某民居受道路施工影响出现损伤

1. 事件概况

镇巴，陕西省汉中市辖县，位于陕西省南端，被誉为陕西省"南大门"。黄某家住镇巴县赤南镇经堂坪村，家中房屋建于2005年，紧靠公路，为地上一层地下一层，砌体结构，建筑面积约为307m²。

2013年黄某家附近的公路启动建设，房屋紧邻公路。在公路建设过程中，房屋多处墙体出现裂缝(见图1-1)。

图1-1　黄某房屋外貌

2. 鉴定过程

黄某房屋为自行建造且无正规设计，砌筑砂浆强度较低，构造措施不完整，施工质量存在一定缺陷，未达到国家相关标准、规范的要求。

该房屋所有门、窗洞口处墙体均出现裂缝，纵横墙连接处出现竖向裂缝，所有横墙均出现斜向裂缝，圈梁下方墙体出现水平裂缝(见图1-2~图1-4)。

图 1-2　门窗洞口处裂缝

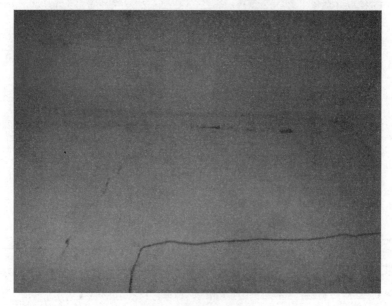

图 1-3　横墙斜向裂缝

图 1-4　圈梁下水平裂缝

　　预制楼板拼接处出现裂缝(见图 1-5)，预制板与墙体交接处出现裂缝，屋面挑檐板根部与墙体连接处出现裂缝，部分预制板抹灰脱落。

图 1-5　预制板拼接处裂缝

3. 原因分析

砖混结构自建民房门、窗洞口处多为砖平拱，会因砌体受压、受拉强度较小而产生裂缝。在砌体结构砌筑过程中，纵横墙连接处砖未咬槎，无可靠的拉结措施，易产生竖向裂缝。预制板拼接处的板缝灌浆不密实，在使用一段时间后易导致预制板拼接处开裂。

在公路施工过程中，重型压路机碾压作业产生持续振动通过土壤等介质向周围传播，对周边房屋产生影响。与振动波传播方向平行的墙体易产生斜裂缝或交叉斜裂缝，与振动波传播方向垂直的墙体易产生水平裂缝。此外，受振动影响，房屋地基易产生不均匀沉降。

4. 鉴定结论及建议

依据《危险房屋鉴定标准》(JGJ 125—1999)判定，黄某房屋属 C 级，即部分承重结构承载力不能满足正常使用要求，局部出现险情，构成局部危房。

建议：对房屋受损构件采取维修加固措施。

5. 教训和反思

(1) 房屋现状。大多数农村房屋未经正规设计，施工主要依靠工匠手艺和传统经验，大多无科学选址，建筑材料多为就地取材。房屋结构形式简单，建筑格调大致相似，结构布置具有随意性，使用功能与房间布置不够合理，造型单调，缺乏统一规划及合理的设计与施工，导致房屋结构不合理，房屋的安全水平和抵御自然灾害的能力低。这种自建民房在受到施工振动影响以及基础不均匀沉降的作用下，往往容易产生裂缝、变形等损伤。

经正规设计、施工的砖混房屋在受到附近因施工而导致基础不均匀沉降以及振动的影响，多数房屋损伤表现为墙体粉刷层裂缝，对房屋适用性、美观产生一定影响，但很少会出现存有危险点的情况，大大提高了房屋的安全性。

(2) 建设施工。在建筑附近施工时，施工企业要针对工程周边不同结构形式建筑的特点，采取相应的处理与监控措施，尽量降低工程机械振动与地基不均匀沉降对周边建筑安全的影响。

若工程周边的自建民房较多，施工企业要定期组织对自建房进行安全隐患排查，确保做到早预防、早发现、早整治，将房屋受损情况降到最低。

施工建设对周边建筑的影响问题是个复杂的社会问题，在如今大规模的建设过程中仍难以彻底避免。如果产生矛盾，应及时组织安全性鉴定与评估，确定损伤程度以及产生的原因，以减少不必要的纠纷。

（3）房屋管理。我国多个城市相继出台了《农村自建房管理条例》，结束了过去农村建房无规划审批、无设计施工、无监督管理、凭经验建设的混乱局面。但仍有很大一部分人认为，在自家宅基地上建自己的房不需要审批手续，未批先建、少批多建的情况在农村中普遍存在。

农村自建房的管理工作要兼顾群众利益和社会稳定。乡（镇）政府、街道办事处应当依照国家建设档案管理的要求，建立农房建设档案，做到一户一档，管理规范，永久保存。定期组织安全隐患排查，及时开展安全性评估或者鉴定，建立隐患问题台账，有针对性地进行整改、排除隐患。要重点对年久失修、损坏损伤、存在安全隐患和改变用途的四类老旧房屋进行安全排查，依法整治，以更好地保障农村房屋住用安全，切实增强人民群众的获得感、幸福感、安全感。

案例2 铜川市某村部分房屋因公路施工振动造成损害

1. 事件概况

2014 年冬，陕西铜川市耀州区庙湾镇某村部分村民反映，其房屋因附近公路施工，墙体出现开裂，地方镇政府委托专业机构对受损房屋进行安全技术鉴定。此次鉴定的房屋共计两栋，均为一层砖混房屋，平顶，未设置构造柱和圈梁，建设年代为 20 世纪 90 年代末期。

2. 鉴定过程

经现场实地查勘，在距离损坏房屋 20 余米处，施工方采用了振动式压路机，产生了较大和较长时间的振动。据居民反映，距离施工现场最近的几户居民房屋损坏最为严重。从现场查勘的部分房屋来看，房屋存在以下几种损坏情况：纵、横墙连接处普遍出现竖向裂缝，仔细察看似有新裂缝出现，裂缝有新的、旧的，也有旧裂缝扩展；屋顶与墙体交界处有水平裂缝出现；张某家新装修房屋普遍出现周圈的石膏顶角线与墙体连接处脱开并断裂的现象；山墙盘头处墙体沿灰缝斜向开裂；部分房屋屋面瓦有局部下滑现象；其他还有墙面抹灰空鼓开裂、个别门窗玻璃破碎、木门窗开关不灵等情况。

3. 原因分析

施工振动对邻近房屋造成破损的三种主要形式如下：

（1）直接造成损坏：指房屋在受振前完好无损且无异常应力变化，房屋损坏

是由强烈振动的作用造成的。

（2）加大房屋的破损程度：对于大多数建在软弱地基上的房屋，在使用期内会或多或少地因某种情况（如地基不均匀沉降、温差变化）受过损伤，而振动引起的附加动应力会加大损伤的程度。

（3）间接造成房屋破损：对完好且无异常应力变化的房屋，其破损是由振动导致较大的地基位移或失稳（如饱和土软化或液化、边坡坍塌）所造成的。

在以上三种施工振动对房屋的损坏形式中，第二种最为常见。但有时施工振动虽然不会造成房屋破损，但它可能已超出了人的承受范围或仪器设备的正常工作条件，这在实际工程中也是应该避免的。

必须看到，当房屋基础的整体刚度较小或其平面尺寸与施工振动波的波长相当时（如多跨框架），在施工振动波的作用下，基础在不同位置处的运动将各不相同，同一楼层上质点间的相对运动往往不能忽略。在这种情况下，即使由施工振动波引起的惯性力很小，房屋结构的附加内力也可能使房屋损坏。

4. 鉴定结论和建议

依据《危险房屋鉴定标准》（JGJ 125—1999），综合分析评定陈家山庙湾镇居民张某家、陈某家房屋为 B 级房屋，即结构承载力基本满足使用要求，个别结构构件处于危险状态，但不显著影响主体结构，基本满足正常使用要求。

建议：对房屋损坏部分进行修缮处理。

5. 教训和反思

目前，在定量评价施工振动对建筑物的影响时，较广泛采用的依据是地基振动的最大速度或加速度，至于采用哪一种方式更优越，还存在很大争议。实际上，采用质点振动速度或加速度来评价的房屋振动效应只是房屋受振损坏的一个方面，单从这一点是难以反映结构的真实受力状态和破坏机理的。首先，根据结构动力学原理，在施工振动的作用下，房屋结构的动力响应与振源能量、频率和持续时间等特性，以及房屋结构本身的固有频率，与阻尼比等因素有关。其次，房屋距振源距离、基础条件、质量、结构构件的连接方式和牢固程度，以及构件材料性质等情况，也会对房屋受振损坏的程度产生影响。上述影响受振房屋损坏的因素，在振动事发前没有详细的检测记录和评估的情况下，在事后是不可能准确鉴定的。

二、相邻施工影响

（一）地铁施工的影响

★案例1　因降水施工造成住宅楼受损

1. 事件概况

2009年11月，地铁Z标段项目经理部在Y物业管理公司家属区西北角组织降水施工，至2010年1月24日，20#家属楼周边道路开始出现裂缝，同时部分住户反映家中出现墙体开裂、门窗开启不灵等问题。Y物业管理公司通知了X地铁有限公司地铁Z标段项目经理部。2010年2月1日，经会商，地铁Z标段项目经理部停止在Y物业管理公司家属区西北角降水施工，回填降水井，调整降水方案；同时在该楼北侧、西侧采用隔离桩加固，北侧设桩31根，桩径1000mm，桩长35m，西侧设桩7根，桩径1000mm，桩长40m，桩顶用1m×1m冠梁将隔离桩连为一体，以确保工程安全进行。其后该楼变化趋缓。相关鉴定机构于地铁隧道施工结束后对该楼进行房屋安全鉴定。

鉴定的房屋为砖混结构6层住宅楼，建造于1987年，地基基础采用钢筋混凝土筏板基础；设有圈梁及构造柱，砌体设有拉结筋；楼面及屋面板为钢筋混凝土多孔板；卷材防水屋面，有组织排水；建筑面积4035.04m²。

根据Y物业管理公司提供的相关材料及地铁Z标段项目经理部提供的施工技术资料，地铁Z标段项目经理部承建的标段采取暗挖下穿隧道工程。该下穿隧道工程规划横穿城市道路及F6地裂缝进入Y物业管理公司家属区，隧道基底深30.65～34.64m。施工期间，地下水位需保持在基底1m以下，要求基坑水位降深F6地裂缝上盘为5.33～7.14m、下盘约为4.40m。暗挖隧道及其降水施工会导致周边土体变形并可能对建筑物造成影响，该幢家属楼为受监测建筑物。

2. 鉴定过程

2011年3月8日~8月2日对该楼进行了房屋安全鉴定：结合住户对房屋损坏情况的反映，针对该楼梁、板及承重墙构件进行了详细勘察，损坏情况主要表现为：

（1）多处墙体存在裂缝；

（2）室内瓷砖存在裂缝；

（3）个别住户家中入户门、卧室门开启困难。

为了分析该楼出现损坏情况的原因，结合委托方及住户的鉴定意图，对该楼做了如下检测、监测，结果如图2-1所示。

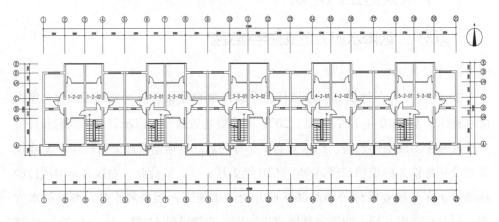

图2-1　2层平面示意图

注：1-2-01为一单元2层01户（余同）。

（1）地基基础。根据某大学建筑勘测研究院对20#楼2011年3月8日~8月2日的沉降观测报告，在观测期内累计平均沉降量为-1.12mm，总沉降速率为0.028mm/d。

（2）上部承重结构。20#楼采用横墙承重体系，墙体裂缝多为纵墙东西走向裂缝，其中较典型的一单元Ⓐ轴/⑱~⑲轴段及Ⓑ轴/⑱~⑲轴段、二单元Ⓐ轴/⑭~⑮轴段1~6层墙体产生东高西低斜裂缝，裂缝宽度约为1.5mm，为地基基础不均匀沉降产生的裂缝，但该楼承重横墙未受损。

对于楼板板底存在的横向裂缝及梁上的细小裂缝，经现场检测为面层空鼓开裂，个别裂缝宽度约为0.1mm。该楼构造柱无表观异常，检测梁、板、承重墙无超出相关规范的危险点。

该楼结构顶点高度18m，通过全站仪对该楼主体进行倾斜测量，该楼北倾69mm。

（3）围护系统。住户反映的门窗开启不灵、楼板板缝及Ⓐ、Ⓓ轴的窗下墙裂缝等问题，因其不属于承重构件，不对该楼结构安全造成严重影响；个别住户南侧阳台栏板压顶与墙体脱开，经检查阳台栏板下挑梁完好。

按照《民用建筑可靠性鉴定标准》（GB 50292—1999）中规定的检查项目和步骤，对该楼依层次进行安全性和正常使用性评级，安全性分四个等级，正常使用性分三个等级，并综合确定可靠性等级。

按该楼实际情况进行安全性和正常使用性评级，通过详细调查及检测，查阅设计图纸、分析计算，分别评定等级。

① 构件安全性鉴定评级：混凝土结构构件的安全性及砌体结构构件的安全性鉴定按照承载力、构造以及不适于继续承载的位移（或变形）和裂缝等 4 个检查项目进行，构件安全性分 a_u、b_u、c_u、d_u 四个等级，取其中最低一级作为该构件安全性等级。

根据构件损坏情况现场检测结果，经计算分析评定：混凝土结构构件梁、柱构件安全性等级评为 a_u 级；混凝土多孔板为 b_u 级；砌体承重墙安全性鉴定评为 b_u 级。

② 构件正常使用性鉴定评级：混凝土结构构件的正常使用性鉴定按照位移和裂缝 2 个检查项目，砌体结构构件的正常使用性鉴定按照位移、非受力裂缝和风化等 3 个检查项目，正常使用性分 a_s、b_s、c_s 三个等级，并取其中最低一级作为该构件安全性等级。

混凝土结构构件梁、柱构件使用性等级评为 a_s 级；混凝土多孔板的使用性等级评为 b_s 级；砌体结构构件的使用性等级评为 b_s 级。

③ 子单元安全性鉴定评级：子单元安全性鉴定评级是安全性的第二层次鉴定评级。按地基基础、上部承重结构和围护系统的承重部分分为 3 个子单元。子单元安全性分 A_u、B_u、C_u、D_u 四个等级进行等级评定。

地基基础安全性鉴定评级：鉴于该楼上部砌体结构存在地基基础不均匀沉降产生的裂缝，但无进一步发展，地基基础子单元评为 B_u 级。

上部承重结构安全性鉴定评级：根据其所含各种构件的安全性、结构整体性及结构侧向位移等级进行确定，取其中最低一级作为上部承重结构的安全性等级。结合该楼构件损坏现场检测结果综合分析评定，上部承重结构评为 B_u 级。

围护系统的承重部分评级：根据构件的安全性等级及该部分结构整体性等级确定，围护系统的承重部分评为 B_u 级。

④ 子单元正常使用性鉴定评级：子单元正常使用性鉴定评级是第二层次鉴定评级，按地基基础、上部承重结构和围护系统分为 3 个子单元。子单元正常使用性分 A_s、B_s、C_s 三个等级进行等级评定。

地基基础正常使用性鉴定评级：结合上部承重结构和围护系统工作状态，地基基础子单元正常使用性评为 B_s 级。

上部承重结构正常使用性鉴定评级：根据各构件使用性等级和结构的侧向位移等级，上部承重结构子单元正常使用性评为 C_s 级。

围护系统正常使用性鉴定评级：根据该楼门窗开启不灵、楼板板缝及纵墙裂缝等围护结构使用功能损坏状况，围护系统正常使用性评为 C_s 级。

⑤ 鉴定单元安全性和使用性评级：鉴定单元安全性评级，根据 3 个子单元安全性鉴定评级按较低等级评为 B_{su} 级。鉴定单元正常使用性评级，根据 3 个子单元正常使用性及该楼的其他使用功能问题鉴定评级按较低等级评为 C_{ss} 级。

3. 原因分析

依据检测结果综合分析认为：$20^\#$ 楼在地铁暗挖隧道及其降水施工期间，因该楼地基下卧层产生变形导致地面发生不均匀沉降，对该楼地基基础正常沉降及围护系统使用功能造成了较大影响。后经施工方采取相关措施，该楼地基基础处于稳定状态。

4. 鉴定结论和建议

根据《民用建筑可靠性鉴定标准》(GB 50292—1999)判定，该楼安全性评级为 B_{su} 级，正常使用性评级为 C_{ss} 级。建议对该楼继续使用，对受损部位进行维修。

5. 教训和反思

这是 X 市第一起因地铁施工降水对周边房屋产生影响，并一度导致周边房屋出现险情的案例。根据同期施工记录，房屋沉降观测点曾出现平均沉降速率大于 0.67mm/d 的情况，施工方采取了应急预案，比施工方中标标的多支出 100 余万元。这也提醒广大施工企业在复杂地质环境下(如地裂缝、古河道等的下穿暗挖隧道组织施工可能出现的突发状况)，应制订应急预案。通过此次地铁施工对周边房屋的影响的鉴定，X 市地铁公司要求施工企业在组织降水时，降水井应设置在距离房屋 50m 以外，尽可能避免因降水对周边房屋造成影响。

★案例2　因基坑坍塌影响周边房屋

近些年，西安市地铁建设迎来高速发展时期，给这座古城带来了很大的影响，城市变化有目共睹。然而，地铁建设热潮的背后，施工安全事故也时有发生，也给我们敲响了安全生产的警钟。

1. 事件概况

西安市某地铁站点在施工期间，基坑突发大面积坍塌，对邻近的某家属院多栋房屋产生影响。离坍塌地点最近的 1 号楼多处窗户变形，墙体产生裂缝，楼上住户人心惶惶。地铁施工方委托专业机构对家属院内涉及的楼栋进行了房屋安全检测鉴定。

1 号住宅楼建于 1999 年，为七层砖混结构，五个单元，三、四单元间设置伸缩缝，建筑高度为 20.35m（见图 2-2）。抗震设防烈度为 8 度，纵横墙交接处及楼梯间四角均设有构造柱。各层外墙、分户墙以及卫生间墙体顶部均设置混凝土圈梁。房屋为现浇钢筋混凝土屋盖，楼盖为预制钢筋混凝土多孔板，屋面设架空隔热层，屋面排水为有组织排水。

图 2-2　房屋外貌

2. 鉴定过程

为掌握该楼的受损情况，主要做了以下检测工作。

地基基础检查：1号住宅楼在沉降观测期内平均沉降量为-2.48mm，差异沉降量为-1.80mm，平均沉降速率为-0.496mm/d。受施工影响较大，差异沉降量较大。

构造柱、圈梁检查：圈梁、构造柱均由抹灰层覆盖，结构完好，无裂缝或锈蚀情况。

楼、屋盖检查：楼、屋盖局部有明显预制板拼接缝开裂现象，未下挠，现状基本完好，楼板厚度满足设计要求。

围护系统检查：屋面防水、非承重内墙、地下防水基本完好，个别门窗出现轻微剪切变形迹象，开闭、推动不便。

砖强度检测：回弹法检测砌体砖强度达到MU10的回弹值评定标准，满足设计要求。

砂浆强度检测：用贯入法检测砌筑砂浆强度，1~3层实测强度达到设计要求，4~7层实测强度略低于设计值。

混凝土碳化深度检测：构造柱碳化检测平均深度为2.0mm，碳化深度较浅。

混凝土强度检测：实测强度达到原设计要求。

墙体裂缝检测：砖体平整无缺损，但住宅楼两端单元1~7层住户室内纵墙、横墙上均存在不同程度的墙体裂缝，绝大多数裂缝宽度为0.2~1.0mm，个别裂缝宽度达到2mm。

建筑垂直度检测：经纬仪测量阳角垂直度最大偏差测量值为7mm（见图2-3），满足《砌体结构工程施工质量验收规范》（GB 50203—2011）的相关规定。

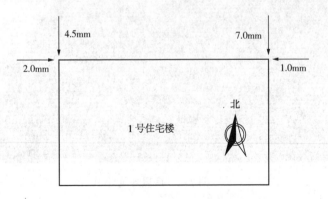

图2-3　1号住宅楼垂直度测量图

　　结构验算：1号住宅楼设有伸缩缝，将该楼上部结构分为两个鉴定单体，两侧对称，计算时取单侧进行验算。结果表明，1号住宅楼结构承载力满足设计及规范要求。

　　图2-4所示为1号楼四单元、五单元结构模型。

图2-4　1号住宅楼四单元、五单元结构模型

3. 原因分析

　　本案例中提及的1号住宅楼墙体裂缝主要为沉降裂缝。地基基础出现变形和不均匀沉降，导致墙体开裂。墙体裂缝走向大致分为四类，详见表2-1。

表2-1　1号住宅楼墙体裂缝表现形式

第一类：主要出现在横墙的整个墙面，呈多道宽度较小的斜裂缝，长度不等		

续表

第二类：主要出现在纵墙上部，走向基本水平，长度一般等于墙净宽	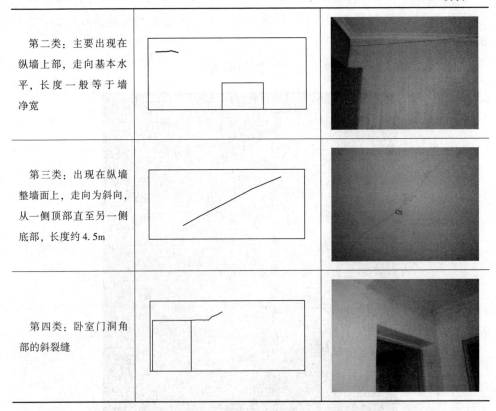	
第三类：出现在纵墙整墙面上，走向为斜向，从一侧顶部直至另一侧底部，长度约4.5m		
第四类：卧室门洞角部的斜裂缝		

墙体受压承载力由墙体受压截面积、砌体抗压强度设计值以及高厚比、偏心距影响系数的乘积确定。墙体裂缝未对受压截面积、抗压强度、高厚比、偏心距产生显著影响，同时，裂缝间距较大，不会因裂缝的分割而导致墙体整体稳定性受到影响。因此，墙体裂缝基本上不影响墙体受压承载力，即1号住宅楼承受竖向荷载的能力并未下降。

墙体抗震抗剪承载力由墙体横截面面积、砌体抗剪强度设计值及正应力影响系数共同确定。墙体裂缝并未改变横截面面积，也未对对应于重力荷载代表值的砌体截面平均正应力产生影响。因此，墙体裂缝基本上不影响墙体抗剪承载力，即1号住宅楼承受水平荷载的能力并未明显下降。

综上所述，在墙体未发生明显平面内或平面外过大变形，砌筑质量满足验收规范要求的前提下，间距较大、宽度较小的墙体裂缝，不会对墙体承受水平荷载和垂直荷载的能力有显著影响。另外，墙体出现大量裂缝，虽不影响结构安全性，却影响房屋的正常使用性。这也是 1 号楼可靠性评定不满足可靠性 I 级的主要原因。

4. 鉴定结论及建议

依据《民用建筑可靠性鉴定标准》（GB 50292—1999），1 号住宅楼的可靠性评定等级为 II 级，即其可靠性略低于《民用建筑可靠性鉴定标准》（GB 50292—1999）I 级要求，尚不显著影响整体承载功能和使用功能。

1 号住宅楼墙体裂缝对结构安全性没有显著影响，能满足目标使用期内安全使用的承载力要求，但墙体裂缝影响美观，必须进行处理。为使 1 号住宅楼在目标使用期内能够满足正常使用目的，建议对墙体大于 0.5mm 的裂缝采取灌浆法进行加固处理，对墙体小于 0.5mm 的裂缝采用表面覆盖法进行处理。

5. 教训与反思

建设施工企业必须牢固树立"安全为天""生命至上"的理念，加强企业安全生产监督管理，层层落实质量和安全生产责任，加强施工技术管理和劳动组织管理，尤其在基础开挖、隧道推进等施工中，应采取以下措施。

（1）实时监控。在地铁施工全过程中，要加强施工监控，要重点监控施工周围的既有建筑物。对可能受到影响的建筑物要进行预先评估，根据评估结果采取安全防范措施，排除施工过程中出现的安全隐患。为加强安全防控力度，要对评估数据进行等级评价，根据安全风险的程度予以分层处理，以提高安全措施的效率和有效性。

（2）严格依照规范进行加固。地铁施工挖掘隧道可能会对周边建筑物产生较大影响，因此，隧道掘进过程中要严格遵循相关标准，确保开挖支护符合规范要求，降低地表沉降值。在施工过程中要采取加固措施，通过严格控制措施，确保隧道施工中没有超挖现象。另外，为了减少地表沉降，要尽量保护好土体，不采用扰动土体的施工工艺，在挖掘隧道过程中，控制推进速度及总推力。

（3）加强巡视。通过现场巡视可及时分析出施工对周边环境产生的影响，并对有可能出现危险的情况及时采取相应控制措施。每次实施现场监测工作的同时要做好现场巡视工作，做到每天至少巡视一次，特殊情况下要加强巡视频率。

（4）有效控制不利影响。加强施工过程的控制，有利于减少对周边建筑物的影响，主要从以下几个方面来开展：首先要加强施工过程中的测量工作，得到详

细监控测量数据，根据施工经验参考计算数据后预判可能发生的安全风险，提前做好防控措施；其次要严格控制施工工序，按照设计及地铁施工验收标准，加强对施工工序的控制，提高工序的标准化，减少施工过程中可能发生的风险；最后要在施工过程中充分考虑施工工序对地表沉降产生的影响，确保施工过程中地表的沉降值处在可控范围内，满足标准要求。

由地铁建设造成的各种事故提醒着我们，加快和扩大基础设施建设，虽然是当前十分迫切和必要的大好事，但好事要想办好，安全是前提和根本。如若不然，基础设施建设失去了最基本的安全基础、质量基础，那么就称不上所谓的"基础"设施了。相应地，其保障和维护社会经济尤其是民生发展的社会功用，自然也就无从谈起了。莫让安全生产事故成为城市发展的"拦路虎"。

（二）深基坑开挖的影响

案例　上海莲花河畔景苑在建楼房因深基坑开挖整体倾倒

1. 事故概况

2009 年 6 月发生在上海的 13 层楼整体倾倒事故，是工程界的典型案例之一，虽然已经过去了十多年，但是仍然值得再次学习、警示。

该项目由 12 栋楼及地下车库等 16 个单位工程组成。7 号楼位于在建车库北侧，临淀浦河，平面尺寸为长 46.4m、宽 13.2m，建筑总面积为 6451m²，建筑总高度为 43.9m，上部主体结构高度为 38.2m，共计 13 层，层高 2.9m，结构类型为桩基础钢筋混凝土框架剪力墙结构，抗震设防烈度为 7 度。

2. 调查过程

调查结果显示，倾覆主要原因是，楼房北侧在短期内堆土高达 10m，南侧正在开挖 4.6m 深的地下车库基坑，两侧压力差异使土体产生水平位移，过大的水平力超过了桩基的抗侧能力，导致房屋倾倒。

事故调查专家组组长、中国工程院院士江欢成说，事发楼房附近有过两次堆土施工：半年前第一次堆土距离楼房约 20m，离防汛墙 10m，高 3~4m；6 月 20 日起施工方第二次在事发楼房前方开挖基坑堆土，6 天内即高达 10m，"致使压力过大"。

对于建筑质量问题，调查结果称，经现场补充勘测和复核，原勘测报告符合规范要求；经复核，原结构设计符合规范要求。经检测，大楼所用 PHC 管桩质量符合规范要求。

事故发生过程：

7 号楼于 2008 年底结构封顶，同时期开始进行 12 号楼的地下室开挖。根据甲方的要求，土方单位将挖出的土堆在 5 号、6 号、7 号楼与防汛墙之间，距防汛墙约 10m，距离 7 号楼约 20m，堆土高 3~4m。

2009 年 6 月 1 日，5 号、6 号、7 号楼前的 0 号车库土方开挖，表层 1.5m 深度范围内的土方外运。

6 月 20 日开挖 1.5m 以下土方，根据甲方要求，继续堆在 5 号、6 号、7 号楼和防汛墙之间，主要堆在第一次土方和 6 号、7 号楼之间 20m 的空地上，堆土高 8~9m。此时，尚有部分土方在此无法堆放，即堆在 11 号楼和防汛墙之间。

6 月 25 日 11 号楼后防汛墙发生险情，水务部门对防汛墙位置进行抢险，也卸掉了部分防汛墙位置的堆土。

6 月 27 日清晨 5 时 35 分左右，大楼开始整体由北向南倾倒，在半分钟内，就整体倒下。倒塌后，其整体结构基本没有遭到破坏，甚至其中玻璃都完好无损，大楼底部的桩基则几乎完全断裂（见图 2-5 ~ 图 2-11）。由于该楼尚未竣工交付使用，所以并没有酿成特大居民伤亡事故，但是造成了一名施工人员死亡。

图 2-5　7 号楼 13 层楼房向南整体倾倒

图 2-6　整体倾倒的楼房

图 2-7　十多米宽的倒塌楼房几乎被堆土全部遮住

图 2-8　堆土过高

图 2-9　整体倾倒的楼房(十字条形基础)

图 2-10　北面的断桩长度长，南面的断桩长度短

图 2-11　断桩碎为数段，最多的管桩碎了 5 段

13 层楼房采用一字条形基础,基础埋深 1.9m。管桩共 118 根,桩型为 AB-400-80-33。管桩的入土深度是 33m,桩尖持力层是 7~12 层。连在十字条形基础下的管桩的断桩长度是:北面的断桩长度长,南面的断桩长度短。

3. 原因分析

(1) 7 号楼(倒塌楼房)周围环境。莲花河畔景苑商品房小区工地共有 12 幢在建的 13 层楼房,在淀浦河(宽约 40m)的南面。12 幢在建楼房长度方向与淀浦河河岸基本平行(见图 2-12),这些楼房北面边界距淀浦河河岸距离在 20~50m,其中倒塌楼房距防汛墙最近,据目测仅有二三十米。土方紧贴建筑物,堆积在 7 号楼(倒塌楼房)北侧,北面的空地上堆放 7 号楼南面基坑开挖的泥土体量过大,堆积速度过快,堆土在 6 天内即堆高 10m 左右。

图 2-12 在建楼房长度方向与淀浦河河岸基本平行

(2) 淀浦河的防汛墙被堆土损坏。2009 年 6 月 26 日,淀浦河河道南侧 83m 长的防汛墙(高 2m 多)遭严重损坏,发生了滑动破坏,使在建的莲花河畔景苑工地内的防汛墙裂成了好几段,墙体上现出了 3 个很大的缺口。中间较长的两段墙体往外移位了 4m 多,外侧河道中堆积的泥土已经露出河面,形成一片类似滩涂的小块陆地。这导致河道的航行安全受到影响。而在防汛墙南面,一座由泥土堆成的小山丘矗立在建筑工地上,离防汛墙不过数米。防汛墙内的地面也出现了开裂,最长的裂缝宽度为 70cm(见图 2-13~图 2-15)。

图 2-13　工地旁防汛墙破坏

图 2-14　工地内防汛墙旁地面大裂缝

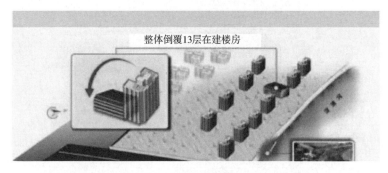

图 2-15　倒塌 7 号楼与河堤明显破坏区域位置

　　地表下 2~11m 是上海的典型软土，软土有流动性，建楼时必须考虑它的特殊性，尤其不宜快速堆土。

　　（3）天气原因。2009 年 6 月 26 日起，雷阵雨天气频繁现身上海。6 月 27 日

上午为雷雨天气。

4. 调查结论和建议

专家组的调查结果称，原勘测报告经现场补充勘测和复核，符合规范要求，大楼所用 PHC 管桩经检测，质量符合规范要求。

7 号楼倒塌的原因主要有 6 个方面：一是土方堆放不当；二是基坑施工违反相关规定；三是监理监督不到位；四是施工管理不到位；五是安全措施不到位；六是围护桩施工不规范。

5. 教训和反思

建筑施工安全历来是安全管理的重中之重，国家在此方面的规定也相当全面。但建筑施工安全事件仍然时有发生，尤其是在本案例中，造成坍塌的几个原因既有参建单位未认真落实安全生产的各项制度，也包括相关行政监管部门监管缺失、履行职责缺失。其中，建设总承包单位未全面履行工程质量和施工安全管理责任，违规将地下车库土方开挖项目分包，并违规堆积土方；工程监理单位也未按法律规定及时阻止并报告主管部门。多方面的综合因素，最终致使楼倒，并致人伤亡，造成责任事故，也再次向我们敲响了警钟！

安全生产是一个环环相扣并紧密相连的过程，只有全面、彻底地贯彻落实各项规章制度和操作规程，才能避免安全责任事故发生。

三、意外火灾影响

★案例1 某办公楼因火灾导致房屋受损

1. 事件概况

某办公楼建于 2015 年初，为二层砖混结构。墙体为 MU10P 型烧结多孔砖，厚度为 240mm。设有圈梁、构造柱，楼板为钢筋混凝土现浇板（办公楼平面示意图见图 3-1）。同年 3 月，该办公楼发生火灾。

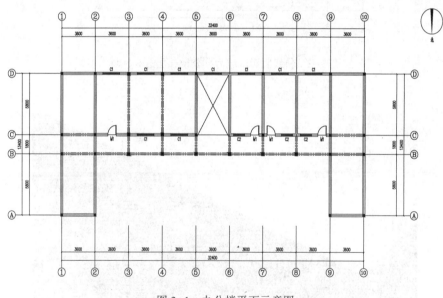

图 3-1　办公楼平面示意图

2. 鉴定过程

为确定火灾后办公楼结构的承载能力及火灾对办公楼结构安全性的影响，并为后续修复、加固提供依据，对该楼进行火灾后鉴定。

办公楼的起火点为二层东侧，过火时间约为 0.5h，过火面积约 83m²（见图 3-2）。据现场目击者反映，起火原因为三名男孩玩火，点燃地面堆放的保温建筑材料。发生火灾时，该幢办公楼主体结构已完工。火灾后的办公楼情况如图 3-3～图 3-10 所示。

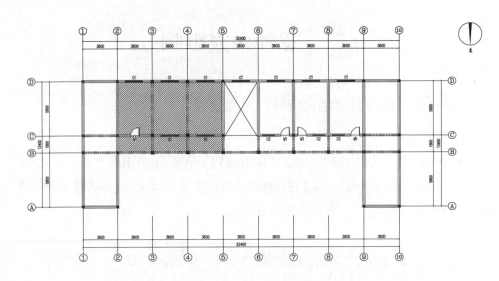

图 3-2　斜线阴影区域为办公楼二层过火区域

图 3-3　火灾后办公楼(1)

图 3-4　火灾后办公楼(2)

图 3-5　③-⑤/ⓒ-Ⓓ轴楼板分布筋生锈显现

图 3-6　④-⑤/①轴墙体抹灰大面积脱落

图 3-7　②-⑤/⑧-①轴范围内铝合金窗框尽数烧毁

图 3-8　④-⑤/ⓒ-Ⓓ轴楼板表面过火呈灰白色

图 3-9　②-⑥/Ⓑ-ⓒ轴走廊地面毁坏

图 3-10　②-④/①轴混凝土柱抹灰脱落

3. 原因分析

经现场实测，过火区域墙体砖强度推定等级均为 MU10，与设计相符。混凝土构件强度达到原始设计强度等级（C25），火灾对混凝土构件强度几乎无影响。

温度场推定：对于混凝土构件，火灾过程中混凝土构件表面曾经达到的温度范围、当量标准升温时间、构件内部截面不同深度的温度值是进行火灾后结构鉴定的重要参数。

根据 ISO 834 国际标准火灾升温曲线，火灾温度和持续时间关系如下：

$$T = T_0 + 345 \lg(8t+1) \tag{3-1}$$

式中　T——火灾标准温度，℃；

T_0——环境温度，℃；

t——火灾经历时间，min。

环境温度按照 20℃ 考虑，则火灾标准升温曲线如图 3-11 所示。

根据《火灾后建筑结构鉴定标准》（CECS 252：2009），混凝土构件表面曾经达到的温度及范围和烧灼后混凝土表面现状的关系如表 3-1 所示。

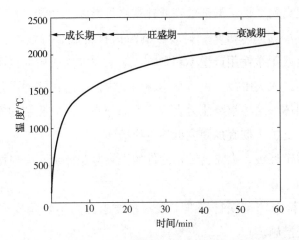

图 3-11　标准火灾升温曲线

表 3-1　混凝土表面颜色、裂损剥落、锤击反应与温度的关系

温度/℃	<200	300~500	500~700	700~800	>800
颜色	灰青，近视正常	浅灰，略显粉红	浅灰发白，显浅红	灰白，显浅黄	浅黄色
爆裂、剥落	无	局部粉刷层	角部混凝土	大面积	酥松、大面积剥落
开裂	无	微细裂缝	角部出现裂缝	较多裂缝	贯穿裂缝
锤击反应	声音响亮，表面不留下痕迹	较响亮，表面留下较明痕迹	声音较闷，混凝土粉碎和塌落，留下痕迹	声音发闷，混凝土粉碎和塌落	声音发哑，混凝土严重脱落

现场发现燃烧区域混凝土柱颜色多呈灰青色，除 4/D 轴柱粉刷层剥落外，其余混凝土构件无爆裂、剥落、开裂现象。结合混凝土构件的破损情况，可推测出办公楼二层东侧过火区域温度在 200~500℃。

4. 鉴定结论和建议

根据《火灾后建筑结构鉴定标准》（CECS 252：2009），火灾后结构构件安全性评级分初步鉴定评级和详细鉴定评级。

（1）初步鉴定评级。根据构件烧灼损伤、变形、开裂程度按下列标准评定损伤状态等级。

Ⅱ$_a$级：轻微或未直接遭受烧灼作用，结构材料及结构性能未受或仅受轻微影响，可不采取措施或仅采取提高耐久性的措施。

Ⅱ$_b$级：轻度烧灼，未对结构材料及结构性能产生明显影响，尚不影响结构

安全，应采取提高耐久性、局部处理或外观修复措施。

Ⅲ级：中度烧灼尚未破坏，显著影响结构材料或结构性能，明显变形或开裂，对结构安全或正常使用产生不利影响，应采取加固或局部更换措施。

Ⅳ级：破坏，火灾中或火灾后结构倒塌或构件塌落；结构严重烧灼损坏、变形损坏或开裂损坏，结构承载能力丧失或大部分丧失，危及结构安全，必须或必须立即采取安全支护、彻底加固或拆除更换措施。

（2）详细鉴定评级。火灾后结构构件的详细鉴定评级，应根据检测鉴定分析结果，评为 b、c、d 级。

b 级：基本符合国家现行标准下限水平要求，尚不影响安全，尚可正常使用，宜采取适当措施。

c 级：不符合国家现行标准要求，在目标使用年限内影响安全和正常使用，应采取措施。

d 级：严重不符合国家现行标准要求，严重影响安全，必须及时或立即加固或拆除。

在案例项目中，办公楼火灾后结构构件鉴定评级如表 3-2 所示。

表 3-2　办公楼火灾后结构构件鉴定评级

构件	初步鉴定评级	详细鉴定评级
墙、梁、柱、板	$Ⅱ_b$ 级	b 级

根据火灾后构件初步评级与详细鉴定评级结果，按照《民用建筑可靠性鉴定标准》（GB 50292—1999），将办公楼失火影响区域结构安全性评定为 B_{su} 级，即安全性略低于本标准对 A_{su} 级的要求，尚不显著影响整体承载，可能有极少数构件应采取措施。

修补过火区域墙体抹灰层，修补顶板底部裂缝，拆除并更换受火灾影响而损坏或变形的窗框（房屋过火后情况见图 3-12），都可有效提高该办公楼的使用性与耐久性。

5. 教训和反思

火灾作用部位，是指火对结构、构件产生作用的具体区域，其重要性不言而喻。火作用在不同的构件处，对结构的影响程度也不同。例如：梁一般处于火焰上方，与火焰接触面较大，大多为三面受火状态。柱一般处于与火焰平行的方

图 3-12　房屋过火后情况

向，中上部受外焰烧烤，下部受内焰烧烤，所以柱的中上部往往要比下部更易受损。

此外，火灾的严重性还取决于火灾达到的最高温度以及在最高温度下持续燃烧的时间。影响火灾严重性的因素大致有以下六个方面：

（1）可燃材料的燃烧性能。

（2）可燃材料的数量（火灾荷载）。

（3）可燃材料的分布。

（4）着火房间的热性能。

（5）着火房间的大小和形状。

（6）房间开口的面积和形状。

其中，建筑的类型和构造等对火灾严重性的影响比较突出，特别是建筑内可燃物或可燃材料的数量及燃烧性能对火灾全面发展阶段的影响尤为突出。图 3-13所示为案例项目办公楼着火时的灭火场景。

火灾严重威胁着人们的生命财产安全。据统计，房屋建筑火灾是各类火灾中对人们生命、财产造成最大威胁的一种，并且建筑火灾还可能会对建筑物造成严重损伤。因此，火灾发生后，应对建筑物的受损情况及结构性能进行现场调查检

测、计算分析，并针对受损情况制订具体的维修、加固方案，以有效控制和减少火灾对建筑物的危害。

图 3-13　灭火现场

案例2　某住户因意外起火导致房屋受损

1. 事件概况

某小区 29#楼 404 室建成于 1994 年，为地上六层砌体结构，楼、屋面板为预制空心板，404 室位于该建筑的第四层，该层层高为 2.7m（建筑平面图见图 3-14）。2019 年 8 月 11 日 9 时 15 分左右，小孩玩打火机致客厅沙发起火，引发火灾。9 时 30 分左右火势蔓延至该住户其余几间房屋，明火于当日 10 时 5 分左右被扑灭。

2. 鉴定过程

为了解该小区 29#楼 404 室火灾影响范围及程度，为后续处理提供依据，对该楼进行火灾后鉴定。

（1）检查检测项目。

① 火灾基本情况调查；

② 火场温度分布推定；

③ 砌筑块材抗压强度检测；

④ 砌筑砂浆抗压强度检测；

⑤ 火灾后受损构件鉴定评级。

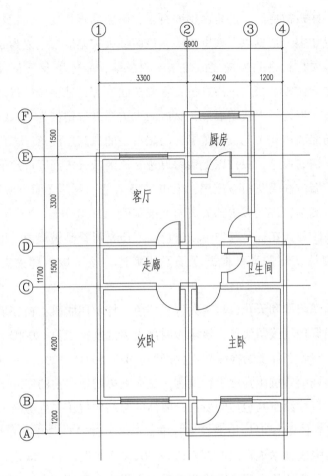

图 3-14　建筑平面图

（2）检查、检测结果。

① 火灾基本情况调查。根据委托方提供的信息，2019 年 8 月 11 日 9 时 15 分左右，小孩玩打火机致客厅沙发起火，引发火灾。9 时 30 分左右火势蔓延至该住户其余几间房屋。经消防支队喷水灭火，明火于当日 10 时 5 分左右被扑灭，整个建筑过火时间约为 50min。根据现场残留物发现，现场主要燃烧物为建筑塑料、聚乙烯产品、木制家具、化纤产品、玻璃等。

② 火场温度分布推定。现场检查结果显示，除主卧无明显明火影响外，其余各房间均受到不同程度的火烧影响。现根据现场调查情况推定各区域过火温度如下。

客厅：木质材料物品全部被烧，聚乙烯产品部分被烧，墙体粉刷脱落，墙体

砖材料酥碎，楼板被烧红，裸露出钢筋石子，窗玻璃碎片变圆，铝塑窗框扭曲变形，陶瓷花盘炸裂。根据以上残留痕迹，该区域火灾温度推定值为800℃。

次卧：木质材料物品被烧毁，墙体粉刷脱落，墙体以及天花板抹灰层被熏黑，局部墙体、楼板呈灰白、浅黄色，空调扭曲变形；地面瓷砖破坏、裂开，窗玻璃基本破碎。根据以上残留痕迹，该区域火灾温度推定值为700℃。

主卧：局部墙体和天花板被熏黑，门洞口处的抹灰层脱落，木门被烧毁，内部无明显明火烧灼痕迹。根据以上残留痕迹，该区域火灾温度推定值为270℃。

卫生间：墙体和天花板被熏黑，毛巾呈黑黄色，内部无明显明火烧灼痕迹。根据现场残留痕迹，该区域内部火灾温度推定值<150℃。

走廊：墙体及天花板呈灰白、浅黄色，木质材料物品被烧毁，混凝土梁、天花板及梁局部抹灰层脱落。根据现场残留痕迹，该区域内部火灾温度推定值为270℃。

厨房：局部墙体和天花板呈灰白、浅黄色，抹灰层脱落，窗玻璃被熏黑，炸裂成碎片。根据现场残留痕迹，该区域内部火灾温度推定值<200℃。

③ 依据《砌体工程现场检测技术标准》（GB/T 50315—2011）的规定，采用回弹法对砌筑用烧结砖抗压强度进行检测。受火灾影响较严重的客厅烧结砖墙起壳开裂，无法进行检测。其他房间所抽检墙体的烧结砖抗压强度等级为MU10。

④ 依据《砌体工程现场检测技术标准》（GB/T 50315—2011）和《贯入法检测砌筑砂浆抗压强度技术规程》（JGJ/T 136—2017）等规范的相关规定，采用砂浆贯入仪对墙体的砂浆抗压强度进行检测。受火灾影响较严重的客厅墙体砌筑砂浆部分已粉化，失去黏结能力，无法进行强度检测。其他房间所抽检墙体的砌筑砂浆抗压强度推定值为2.7MPa。

（3）火灾后结构构件鉴定评级。

根据《火灾后工程结构鉴定标准》（T/CECS 252—2019）相关规定，综合火场温度分布推定及受损构件的现场检查结果，对火灾后各过火区域结构构件进行鉴定评级，评级结果如下。

客厅：墙体抹灰层脱落，烧结砖起壳开裂，局部酥碎，砂浆粉化，失去黏结能力，砌体结构构件的鉴定结果评定为Ⅲ级；预制楼板混凝土表面局部呈土黄色，锤击声音发闷，混凝土表面留下明显痕迹，无明显火灾裂缝；板底钢筋部分裸露，锤击声音较闷，表面留下较明显痕迹，预制楼板构件的鉴定结果评定为Ⅲ

级。客厅现场检查典型照片如图 3-15 所示。

图 3-15　客厅现场检查典型照片

次卧：烧结砖砌体墙呈黑色，抹灰层有局部脱落，灰缝砂浆无明显烧伤，个别砖有受压裂缝，砌体结构构件的鉴定结果评定为Ⅱ$_b$级；预制楼板被熏黑，抹灰层有局部脱落，受力钢筋黏结性能略有降低，锤击声音较响，预制楼板构件的鉴定结果评定为Ⅱ$_b$级。次卧现场检查典型照片如图3-16所示。

图3-16　次卧现场检查典型照片

主卧：烧结砖砌体墙抹灰层有烟黑，灰缝砂浆无明显烧伤，个别砖有受压裂缝，砌体结构构件的鉴定结果评定为Ⅱ$_b$级；预制楼板被熏黑，楼板无明显变形，受力钢筋黏结性能略有降低，锤击声音较响，预制楼板构件的鉴定结果评定为Ⅱ$_b$级。主卧现场检查典型照片如图 3-17 所示。

图 3-17　主卧现场检查典型照片

卫生间及走廊：烧结砖砌体墙抹灰层有烟熏，抹灰层受潮局部脱落，砌体结构构件的鉴定结果评定为Ⅱ$_a$级；预制楼板局部被熏黑，楼板无明显变形，锤击声音响亮，预制楼板构件的鉴定结果评定为Ⅱ$_a$级。卫生间及走廊现场检查典型照片如图 3-18 所示。

图 3-18　卫生间及走廊现场检查典型照片

厨房：烧结砖砌体墙抹灰层有烟黑，灰缝砂浆无明显烧伤，抹灰层局部脱落，砌体结构构件的鉴定结果评定为 II_a 级；预制楼板被熏黑，楼板无明显变形，锤击声音响亮，预制楼板构件的鉴定结果评定为 II_a 级。厨房现场检查典型照片如图 3-19 所示。

图 3-19　厨房现场检查典型照片

3. 鉴定结论和建议

（1）结论。

客厅：基于外观损伤和裂缝的火灾后砌体结构构件及预制楼板构件评定损伤状态等级均为Ⅲ级，即中度烧灼尚未破坏，显著影响结构材料或结构性能，对结构安全或正常使用产生不利影响。

次卧、主卧：火灾后砌体结构构件及预制楼板构件评定损伤状态等级为火灾

41

影响Ⅱ_b级，即轻度烧灼，未对结构材料或结构性能产生明显影响，尚不影响结构安全。

走廊、卫生间、厨房：火灾后砌体结构构件及预制楼板构件评定损伤状态等级为火灾影响Ⅱ_a级，即未直接遭受灼烧作用，结构材料及结构性能未受或仅受轻微影响。

（2）建议。

① 对客厅过火墙体采用高延性混凝土进行加固处理；

② 对客厅过火顶板须凿除板底疏松的混凝土并采用高强度水泥浆修复后采用碳纤维进行加固处理；

③ 对未受火灾明显影响的次卧、主卧、走廊、卫生间、厨房，进行外观修复处理。

四、水灾或地基被水浸泡影响

案例1 2017 年绥德水灾导致房屋出现安全隐患甚至倒塌

我国河流众多，洪涝灾害频发，洪涝灾害所造成的经济损失要远远大于其他各类自然灾害造成的损失。其中，大面积的洪水浸泡使得大量的房屋出现安全隐患甚至倒塌，严重威胁了人们的生命安全和生产生活。

1. 事件概况

2017 年 7 月 26 日，陕西省榆林市绥德县境内持续降雨，降水量最高达 247.3mm，上游子洲、米脂、横山等县区大面积持续降雨，导致绥德县城境内河道水位暴涨。随后绥德县各镇遭遇了不同程度的洪涝灾害，无定河、大理河沿线镇村和城区受灾尤为严重(见图 4-1、图 4-2)。随着降雨停歇，洪水消退，受灾群众的生产生活秩序逐步恢复正常，但房屋受洪水影响，所产生的安全隐患却不容小觑。

图 4-1 洪灾中的绥德县

图4-2　受灾群众紧急疏散

2. 鉴定过程

建筑1：绥德某单位家属院1号住宅楼为五层砖混结构，建筑面积为2638.2m²。洪水过后，房屋受损情况如图4-3~图4-5所示。

图4-3　外墙墙面铺贴石材脱落

图4-4　窗台粉刷层脱落，砖砌体受损

图4-5　窗台外沿下部粉刷层脱落

强度检测：砖强度等级、砂浆强度等级均满足相关规范要求。

垂直度检测：未发生明显倾斜现象。

结论：依据《民用建筑可靠性鉴定标准》（GB 50292—2015），该楼安全性等

级为 B_{su} 级，即尚不显著影响整体承载。

建议：维修处理后可继续使用。

建筑 2：某底框结构商住楼，一层为商业用房，二、三层为住宅，建筑面积为 1714.5m² 。洪水过后，房屋受损情况如图 4-6~图 4-9 所示。

图 4-6　一层混凝土柱保护层脱落，局部破损

图 4-7　一层混凝土梁保护层脱落，钢筋锈蚀

图 4-8　楼板与混凝土梁搭接处开裂

图 4-9　一层室外踏步台阶破损

　　强度检测：砖强度等级、砂浆强度等级均满足相关规范要求。混凝土构件强度等级较低，不满足相关规范要求。

　　垂直度检测：该楼有倾斜现象。

　　结论：依据《民用建筑可靠性鉴定标准》（GB 50292—2015），该楼安全性等级为 C_{su} 级，即显著影响整体承载。

　　建议：维修加固后可继续使用。

　　建筑 3：某车队二层临河建筑，一层为混凝土框架结构，二层为钢结构，建筑面积为 1659.7m² 。洪水过后，房屋受损情况如图 4-10~图 4-12 所示。

47

图 4-10　房屋整体倾斜

图 4-11　一层混凝土柱出现横向裂缝

图 4-12　屋面整体倒塌

强度检测：混凝土构件强度等级较低，不满足相关规范要求。

垂直度检测：该楼有明显倾斜现象。

结论：依据《民用建筑可靠性鉴定标准》（GB 50292—2015），该楼安全性等级为 D_{su} 级，即严重影响整体承载。

建议：一层维修加固后可继续使用，二层整体拆除。

3. 原因分析

2017 年 7 月 26 日，黄河一级支流无定河流域普降暴雨到大暴雨，造成榆林市 43.25 万人受灾。其中绥德、子洲二县县城发生严重洪涝灾害，大面积淹没积水、泥沙淤埋，造成重大经济社会损失。

绥德、子洲二县随着经济建设发展的加快，河道占用越发严重。围滩造地、河道内建造房屋、河道内堆积建筑工程弃土弃渣及生活垃圾、桥梁占用等缩窄河道行洪宽度、减弱河道排洪能力的行为，加剧了洪水的危害。

绥德、子洲县城部分区域地势低，街道的高程低于河岸，河水一旦出河便会造成街道漫水。城区内河段河道普遍缩窄，河滩被占现象严重，降低了河道过洪能力，加大了洪水淹没城区的程度。

建筑物遭遇水灾，地基周围土体因含水量剧增而变软膨胀，地基承载力下降，严重的会导致基础不均匀下沉或滑移，最终导致上部结构出现裂缝、发生倾斜，产生安全隐患。

近年来建设的住宅楼和写字楼，几乎都是框架结构，这种房屋即使被洪水浸泡，也不会受到太大影响。待溃水退去后，可请专业人士对房屋支撑结构表面的混凝土强度进行检测，如果混凝土受到洪水的较大腐蚀，只需将表面刨掉，重新浇筑混凝土加固即可。

一些砖混结构的老房子，经雨水长时间浸泡后，房屋强度会有明显下降。重新入住此类房屋前，一定要请专业人士进行安全鉴定，确保安全。

在城镇老旧房屋和村镇建筑中，经常能见到土坯房或黏土（黄泥）砂浆砌筑的砌体结构房屋。这类房屋往往因为砌筑砂浆质量较差或强度等级较低，砌体结构整体性较差，抗击洪水的能力也较差。若受洪水淹没，其砂浆强度会降低，将影响结构的安全性。

钢结构、混凝土结构房屋若长时间被洪水淹没，也会使混凝土保护层脱落、钢筋锈蚀、结构承载力减弱，严重的会造成局部甚至整体倒塌。

4. 教训和反思

（1）水灾隐患排查整治。扎实开展水灾影响房屋安全隐患排查整治工作，以乡镇（街道）为主体，组建工作专班，开展拉网式大排查。重点查看地基是否沉降、墙体是否开裂、主体是否变形、周边环境是否稳定等，不留盲区。对于排查出存在隐患的房屋，聘请第三方房屋安全鉴定机构，检测鉴定。对存在重大安全风险隐患或鉴定为 C、D 级的房屋建筑，采取措施，减少事故发生率。建立动态监测机制，将所有受水灾影响的房屋全部纳入动态监测管理体系，加大日常监管巡查频次，认真填写巡查记录，发现可疑情况，立即上报并撤离人员。

（2）城市水土保持。"7·26"洪水再次警示我们，绝不能轻视城市水土保持工作。为此，我们要加强河道管理，杜绝向河道倾倒垃圾、占用河道滩地的现象，并对已有垃圾进行清理，拆除河道附近违章建筑物。强化穿河建筑物建设的防洪评价制度，保证河道的行洪空间，开展河道综合治理技术研究，提高河道防洪标准，增加排洪输沙能力。注重水生态文明建设工作，开展重点城区河段水灾害与水生态的响应关系、多泥沙河流水生态评价指标体系、山区河流水污染机制与控制途径、经济发展与水环境保护协调机制及对策等方面的研究，切实加强水生态综合治理。

案例2　城市持续降水导致房屋出现损伤

1. 事件概况

某民用住宅楼为地上六层砌体结构，建筑面积约为 $4000m^2$，于 2006 年 6 月建成。该建筑 1~6 层层高均为 2.90m，室内外高差为 0.75m，总长约为 51m，总宽约为 15m，建筑总高为 18.5m。因城市持续降水，该建筑东侧散水整体出现轻微下陷、局部断裂并与建筑主体脱开，且部分住户家里墙体陆续出现裂缝。此后几日，该建筑部分墙体再次陆续出现新裂缝。持续降雨后的建筑外立面及建筑平面布置图分别如图 4-13、图 4-14 所示。

2. 鉴定过程

（1）检查检测项目。为掌握该建筑物目前的结构安全性能，需对该建筑进行结构安全性鉴定。主要检查检测项目如下：

① 对该建筑物的基本情况进行调查；

② 采用贯入法对砌筑用砂浆抗压强度进行检测；

图4-13　持续降雨后的建筑外立面

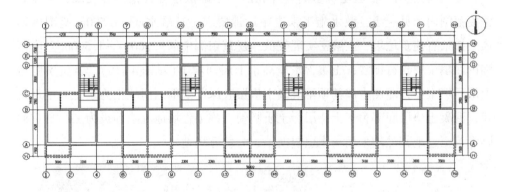

图4-14　建筑总体平面布置图

③ 采用回弹法对砌筑块材抗压强度进行检测；

④ 采用回弹法对钢筋混凝土构件的混凝土抗压强度进行随机抽样检测；

⑤ 采用电磁感应法对钢筋混凝土梁底部受力纵筋根数、箍筋间距及现浇钢筋混凝土板底钢筋间距进行随机抽样检测；

⑥ 采用全站仪、钢卷尺等工具对该建筑物顶点侧向（水平）位移进行检测；

⑦ 根据现场检查、检测情况确定构件的实际强度及实际有效截面，对该建筑主体结构承载力进行复核验算；

⑧ 按照国家有关规范要求，并依据现场检查、检测结果及结构计算分析结果，对该建筑的主体结构安全性进行综合鉴定评价；

⑨ 提出相应的处理建议。

（2）检查、检测结果。

① 基本情况调查。该建筑结构布置较规则，楼板未开大洞；结构构件连接方式基本正确、可靠，砌筑方式基本正确；为地上六层砌体结构，1~3 层外墙厚370mm，4~6 层外墙厚 240mm，1~6 层内墙厚 240mm，均采用 KP1 型烧结多孔砖砌筑；阳台及厨房位于南北两侧悬挑区域，悬挑梁为截面尺寸 200mm×400mm的钢筋混凝土梁，悬挑板为现浇钢筋混凝土板；1~5 层除 1-29/B-C 轴范围内顶板为现浇钢筋混凝土板外，其他顶板均为预应力空心楼板，6 层顶板（屋面板）为现浇钢筋混凝土板，屋面为不上人屋面。该建筑建成后一直作为居民住宅楼使用，现场无高温、腐蚀作用，使用过程中未遭受爆炸、火灾等灾害，也未进行过加固改造及使用用途的改变。

② 地基基础。在该建筑东侧中部和西侧中部散水处开挖探井发现，在探井深度范围内未见灰土，散水施工未遵循设计要求；且散水底~1.500m 范围内回填土掺杂有建筑垃圾，土壤密实度较低；建筑东侧中部-2.000~-1.500m 深度范围内回填土中含有细沙，土壤含水量高于上层回填土（见图 4-15），且密实度比上层回填土小；西侧中部基顶至混凝土垫层底深度范围内回填土为素土，呈现泥状；混凝土垫层底部为灰土垫层，土质坚硬。该工程场地湿陷等级为三级自重湿陷性黄土，地基处理采用灰土垫层换填，为填方场地。

(a)在探井深度范围内未见灰土，　　　　　(b)建筑东侧中部回填土中含有细沙
回填土中掺有建筑垃圾

图 4-15　回填土现状

③ 上部结构及围护系统检查。该建筑物东侧屋面排水管出水口此前一直设于主体与散水交界处，雨水可以通过主体与散水之间的裂缝直接流入回填土渗入地基中。由于城市近期持续降水，该建筑东侧散水出现整体轻微下陷且与主体结

构之间完全脱开，距离散水边缘东侧约5cm处的回填土地坪沿南北方向有明显裂缝，四单元一层北部纵墙外散水局部横向断裂；部分住户家里纵向墙体出现斜向裂缝，卫生间局部墙面装饰瓷砖有斜向开裂，部分纵墙上的户内门无法闭合，极少数顶板梁底及侧面存在表面抹灰层开裂；部分户内顶板存在预制板接缝处开裂的情况；个别户内客厅地面中间沿南北方向轻微下陷(见图4-16)。

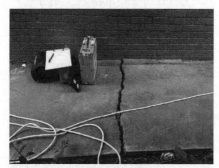

(a) 散水横向断裂，裂缝长度约为1.5m，宽度约为3cm

(b) 东侧散水出现整体轻微下陷且与主体结构之间彻底断裂

(c) 东南角围墙近期出现斜向贯通裂缝

(d) 散水东侧地坪沿南北方向有明显裂缝

(e) 部分纵向墙体出现斜向裂缝

(f) 梁底及梁两侧抹灰层有竖向裂缝

图4-16　上部结构及围护系统检查现状

(g) 墙体外侧窗洞下角有斜裂缝

(h) 建筑东北角处下水管道井内有积水

(i) 两楼之间的自来水管道
存在较严重渗漏情况

(j) 两楼中间位置排水管道排水不畅，
管道井内大量积水直接渗入地下土层

图 4-16　上部结构及围护系统检查现状(续)

建筑物 1~4 层墙体砌筑砂浆抗压强度推定值为 9.6MPa，5~6 层墙体砌筑砂浆抗压强度推定值为 7.2MPa。

抽检墙体的烧结砖抗压强度推定等级为 MU10，抽检钢筋混凝土梁的混凝土抗压强度等级达到 C30。

抽检梁构件的受力纵筋根数、钢筋直径与设计图纸相符，梁的箍筋间距及板底的钢筋间距偏差满足《混凝土结构工程施工质量验收规范》(GB 50204—2015)表 5.5.3 中的相关规定。

根据现场实际条件对该建筑布置 6 个测点量测侧向位移。结果表明，该建筑实测最大顶点侧向位移满足现行国家规范要求，且各测点侧移方向无明显一致性。

(3) 结构承载力验算。依据现场检测数据，采用盈建科和 PKPM 计算软件建立该结构整体分析计算模型并进行结构承载能力验算分析，如图 4-17 所示。

图 4-17 结构整体计算模型

按照《民用建筑可靠性鉴定标准》（GB 50292—2015）中规定的检查项目和步骤，通过详细调查及检测，查阅设计图纸，分析计算，分别评定等级。

① 构件安全性鉴定评级。砌体结构构件的安全性鉴定，应按承载能力、构造、不适于承载的位移和裂缝或其他损伤等四个检查项目，分别评定每一受检构件的等级，并应取其中最低一级作为该构件的安全性等级。

根据现场检查和检测结果，以及基于检查、检测结果进行的结构验算分析结果，按照国家现行规范的有关规定，该结构梁构件的安全性等级评定结果均为 b_u 级，出现裂缝的墙体构件评为 c_u 级，其余墙体构件的安全性等级评定结果均为 b_u 级，板构件的安全性等级评定结果均为 b_u 级。

② 子单元的安全性鉴定评级。砌体结构安全性的第二层次子单元鉴定评级，应按地基基础、上部承重结构和围护系统的承重部分划分为三个子单元，按照国家现行规范的鉴定方法和评级标准进行评定。

该建筑地基基础子单元安全性等级评定结果均为 C_u 级，上部承重结构子单元安全性等级评定结果为 C_u 级，围护系统的承重部分子单元安全性等级评定结果为 C_u 级。

③ 鉴定单元综合鉴定评级。砌体结构第三层次鉴定单元的安全性鉴定评级，应根据其地基基础、上部承重结构和围护系统承重部分各子单元的安全性等级进

行评定，根据现场调查、检测结果和结构验算分析结果，结合上文评定结果，该鉴定单元的安全性等级评定为 C_{su} 级。

3. 原因分析

依据检测结果综合分析认为：该建筑物墙体出现开裂、局部有一定倾斜的主要原因是，小区的局部室外管网破裂且持续一段时间一直未被发现，造成小区内部地下大面积的渗水，加之前段时间持续降水，建筑物的散水未按照设计图纸要求进行施工，且小区内部局部排水不畅，引起地基不均匀沉降，进而造成上部主体结构墙体开裂，建筑物整体东边沉降高于西边。

4. 鉴定结论和建议

该建筑的安全性鉴定评级结果为 C_{su} 级，安全性不符合鉴定标准对 A_{su} 级的要求，显著影响整体承载，应采取措施，且可能有极少数构件必须及时采取措施。建议现场对墙体开裂处采取贴石膏饼的办法进行裂缝观测，待沉降稳定、裂缝未发展后再进行修复处理；建议对该建筑东侧四单元下地基进行加固处理，可采用锚杆静压桩方法进行施工，桩底须进入 4 层黄土层；建议对该建筑散水及其下回填土做法按照原图纸设计要求进行重新施工；对该建筑修补后的墙体及梁的裂缝进行定期检查观测，同时也对未有变形、裂缝的墙体及梁进行定期检查观测。

5. 教训和反思

本案例提醒大家对小区内部的室外管网进行定期检查，及时发现渗漏点并采取有效措施进行维修，对老化、锈蚀、破损管道立即更换，确保管网无渗漏情况；结合室外管网做好小区的整体排水工作，避免局部积水。

五、爆炸影响

★案例1 某企业突发爆炸导致附近村民房屋受损

1. 事件概况

2014年3月，西安市某企业在科研实验过程中突发爆炸。爆炸导致其附近村民房屋受损，个别村民家中院子有大块爆炸飞溅物掉落。幸运的是，此次爆炸事故未造成人员伤亡。

受此次爆炸影响，共计148户村民的253栋房屋出现不同程度的损伤。这些房屋均为村民自建房，无施工图纸，房屋结构多种多样、形式不一，建筑面积共计34115m²。

2. 鉴定过程

原始资料调查：此次鉴定的房屋均为村民自建房屋，无施工图纸，房屋结构各异，有砖混结构、砖木结构、土木结构。房屋建造年代跨度大，房屋结构安全现状良莠不齐。

墙体主要存在的问题：承重墙产生裂缝；纵横墙连接处产生通长竖向裂缝；同一墙体出现方向不一的多条裂缝，裂缝长度为1.0~3.0m，裂缝宽度为0.5~2.0mm；墙体倾斜严重，超规范安全限值；房屋挑梁与墙体连接部位开裂。

楼板、屋盖检查主要存在的问题：预制楼板板间开裂，裂缝通长，缝宽为0.5~2.0mm；预制板端板与三面墙体连接处开裂，预制屋面板整体与下部承重墙间产生裂缝；木屋架局部塌陷，不适于继续承载。

墙体、楼板屋盖等的具体问题如图5-1~图5-10所示。

3. 原因分析

本案例中涉及的民房均为无专业设计和施工的自建房，房屋结构及施工质量存在不同程度的缺陷和问题，加之不均匀沉降等因素的影响，大部分房屋已存在不同程度的损伤。

科研实验过程中突发的爆炸振动属于比较短暂的冲击振动，这种振动波形在传播的过程中会迅速衰减，周围的建筑不会因此形成持续的强迫振动。该种冲击

振动荷载与其他荷载组合后，在结构、非结构及其连接处引起的应力超过强度，变形超过极限，则将引起破坏。

短暂的冲击振动对完整无损的建筑和原来已存在损坏的建筑所产生的影响存在较大差别。这也是鉴定结论有 A 级、D 级之分的原因。

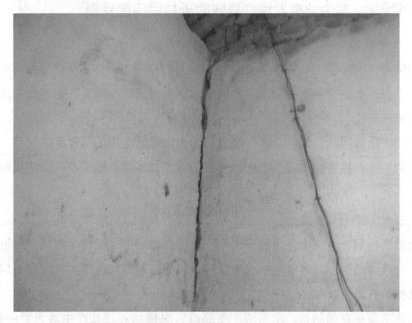

图 5-1　纵横墙交接处开裂

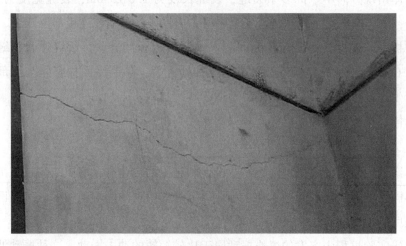

图 5-2　内墙横向通长裂缝

图 5-3　窗下墙通长竖裂缝

图 5-4　土墙竖向通长裂缝

图 5-5　预制楼板板间开裂

图 5-6　外墙屋檐处通长裂缝

图 5-7　窗户变形，玻璃碎裂

图 5-8　大门变形

图 5-9　爆炸飞溅物砸毁院墙

图 5-10　围墙倒塌

4．鉴定结论及建议

依据《危险房屋鉴定标准》（JGJ 125—1999）判定，结论如下：

5栋房屋为A级，即结构承载力能满足正常使用要求，房屋结构安全。

108栋房屋为B级，即结构承载力基本满足正常使用要求，个别结构构件处于危险状态，但不影响主体结构，基本满足正常使用要求。

132栋房屋为C级，即部分承重结构承载力不能满足正常使用要求，局部出现险情，构成局部危房。

8栋房屋为D级，即承重结构承载力已不能满足正常使用要求，房屋整体出现险情，构成整幢危房。

建议对房屋受损构件采取维修加固措施。

5．教训和反思

（1）提高房屋抵御灾害的能力。农村自建房，无正规设计，结构各异，施工质量普遍较低，房屋安全性良莠不齐，大部分存在陈旧性裂缝等问题，基本上无完善的抗震设防措施。这种自建民房在受到振动影响以及地基不均匀沉降的作用下，易产生裂缝、变形等损伤。若能定期对农村自建房进行安全隐患排查，对于存在安全隐患的房屋做到早发现、早整治，将会大大提高房屋抵御灾害的能力。

（2）合理规划免受波及。易燃易爆的工厂和仓库一旦发生事故，会对周边环境造成灾害性的影响，因此，该类建筑应尽量设置在城市边缘的独立安全地带。如果必须位于城市内部，则应与住宅建筑、公共建筑、工业厂房和仓库保持足够的安全距离。规划时要特别注意对政府机关、学校以及医院等场所进行重点保护，防止发生火灾爆炸而波及附近建筑。

（3）安全生产要牢记。企业始终要把安全生产放在首位，牢固树立"人民至上、生命至上、安全第一"的安全生产理念，强化红线意识和底线思维，将安全工作落实到各个环节，扎实开展各类安全生产大检查大整治行动，把安全生产责任制真正落到实处，做到防患未然。

① 坚持宣传到位。通过形式多样的培训教育，牢固树立"安全生产无小事，隐患无处不在"的意识，深刻吸取事故教训，进一步完善规章制度，把责任落细落实，牢固树立安全意识。

② 强化责任落实。严抓隐患消除、不断强化安全生产永远是企业的第一社会责任。在明确各岗位安全履职责任的基础上，管理人员要带头做到履职尽责，

63

排查梳理风险点，对风险隐患点要做到心中有数，实现安全生产由"以治为主"向"以防为主"转变。

③ 加强专项整治。定期开展易燃易爆物品存放检查、规范操作试验等专项整治，预防和遏制爆炸事故的发生。相关企业应认真吸取同类型事故教训，对易燃易爆物品存放是否符合安全性及防火性要求、实验操作是否规范、遇到突发事件是否能按照预警响应方案执行等做到心中有数。

企业要坚持安全生产第一的方针，切实把安全生产工作摆在更加突出的位置，落实安全生产主体责任，进一步加强企业安全管理体制，明确各部门安全监管职责，着力提高企业安全监管法治化水平，建立健全企业安全监管体制机制，完善安全生产责任体系，加强应急救援力量和特殊器材装备配备，提升生产安全事故应急处置能力，坚决防止企业特大安全生产事故的发生。

★案例2 天然气闪爆导致主体结构严重损坏

1. 事件概况

2007 年 10 月 30 日凌晨 2 点左右，西安市某小区 3 号住宅二单元 5 层东户家中因天然气泄漏引起爆炸，导致 2 人死亡 5 人受伤，住宅楼主体结构受到严重损坏。

2. 鉴定过程

3 号住宅楼建于 1998 年，为七层砖混结构，共五个单元，二、三单元之间设有变形缝。住宅楼层高 2.90m，建筑总高 20.3m，建筑面积共计 7595.70m²。楼板采用预应力钢筋混凝土多孔板。基础采用钢筋混凝土灌注桩和混凝土条形基础，灌注桩单桩设计承载力为 700kN。±0.000 以下砌体采用 M7.5 水泥砂浆和MU10 烧结普通黏土砖砌筑，±0.000 以上砌体采用 M10 混合砂浆和 MU10 承重黏土空心砖(KP1 型)砌筑。

建筑内发生爆炸时，气压产生的冲击波向四周墙壁和上下楼板发射、震荡，导致墙体发生倾斜、产生裂缝，楼板变形、开裂(见图 5-11)。

根据现场勘察及检测发现：

一、二单元主体结构受爆炸影响较大，破坏严重，门窗、隔墙及阳台等损坏较严重。爆炸还导致部分承重墙体倒塌或表面出现多条裂缝，部分楼板掉落或变形严重。

图 5-11　闪爆后房屋现状

三、四、五单元受爆炸影响较小。除三单元部分墙体出现裂缝外，三、四、五单元各项检测数据的结果均符合当年设计施工标准规范的要求。

3. 鉴定结论和建议

依据《危险房屋鉴定标准》(JGJ 125—1999)对 3 号住宅楼进行判定：

一、二单元属 D 级房屋，即承重结构承载力已不能满足正常使用要求，房屋整体出现险情，构成整幢危房(见图 5-12、图 5-13)。

图 5-12　闪爆后的危房 1

图 5-13　闪爆后的危房 2

三、四、五单元属 B 级房屋，即结构承载力基本满足正常使用要求，个别结构构件处于危险状态，但不影响主体结构。

对此，笔者提出如下建议：

（1）整体拆除 3 号住宅楼一、二单元。在拆除期间，施工人员必须按照有关规定文明施工，宜采用静力切割拆除法施工，严禁使用振动大的拆除设备，避免对三、四、五单元造成二次损坏。

（2）对三单元东墙采用单面细石钢筋混凝土网片墙进行全面加固整修，以增强东墙的整体刚度。

（3）对三单元形成通缝的墙体，用钢筋网片进行双面加固，对其余墙体裂缝封闭处理即可。

4. 教训和反思

天然气爆炸具有明显的不确定性，导致爆炸的因素有很多。例如，装置老化、动物撕咬、使用不当等均有可能造成燃气泄漏爆炸。虽无法完全杜绝此类事故的发生，但我们可以加强措施，减少发生频率。比如定期加强装置检查、正确使用燃气具、加装防护措施等。

（1）燃气爆炸对房屋安全的影响。

① 爆炸荷载。爆炸是一种由强烈化学反应带动的爆炸物周围气体携带大量

能量向附近迅速扩散并对其他物体产生冲击作用的过程。燃气爆炸是由于可燃性气体与空气混合形成气体混合燃料，当浓度达到爆炸极限时遇点火源便会发生燃烧或爆炸。

燃气爆炸和化学炸药爆炸有着明显的区别，化学炸药爆炸峰值压力大，可达几兆帕以上，且压力持续时间很短，仅有几毫秒；而燃气爆炸荷载的典型的特点是升压慢、峰值压力低，升压时间可达 $100\sim300ms$。由于升压时间长，因此，燃气爆炸对泄压非常敏感。上述案例，门窗是主要泄压口。

② 爆炸对结构的作用。民用住宅内发生燃气爆炸时，对结构的主要影响是爆炸产生的冲击波作用，其特点是：燃气爆炸后，由于升压时间长，冲击波将沿压力较低的方向传播、泄压，形成从引爆点到外界大气环境的有效泄压路径。为了形成有效的泄压路径，燃气爆炸会对抗压能力薄弱的区域，即泄压方向的房屋构件及设施产生巨大的破坏作用。

本案例工程中，损坏的主要是门窗等装饰装修部位，承重结构除爆炸源房间楼板存在安全隐患外，其余承重结构可安全使用。

由于门窗等泄压作用，普通民宅的燃气爆炸压力只有 $5\sim50kPa$，已经考虑了抗震设计的建筑物通常都具有较好的整体性。一般而言，结构损坏程度较轻微。

（2）防护措施。

由于燃气爆炸属于偶发事件，对于一般民用住宅而言，发生概率很小，因此，现行规范并没有对民用住宅的防爆设计进行专门的规定。然而爆炸由于无法预见，且一旦发生，时间短暂，没有时间疏散和撤离人员。因此，应当加强适当的防护措施，即使发生爆炸，也可以减少人员伤亡和财产损失。

民用住宅内发生爆炸时，首先是确保房屋结构安全，避免坍塌等损坏，减少人员伤亡。比较合理的防护措施是采用泄爆方式，合理泄压可以减少爆炸对主体结构的损坏。主要措施包括以下方面：

① 优化设计，合理设置泄压路径，如增加厨房的门窗面积以加速泄压等。

② 砖混结构可参考抗震设计，加强构造措施，如合理设置圈梁、构造柱、采用现浇板等措施，加强房屋整体性，避免房屋局部坍塌或整体倒塌。

③ 加强门窗与主体结构的连接。门窗是民用住宅的主要泄压路径，可减少对主体结构的损坏；另外，爆炸时门窗飞出会对周围人员造成伤害，因此，在合理泄压的同时可以避免次生灾害。

④ 加强燃气器具的安全检查，安装燃气探测报警装置，在燃气泄漏时能及时发出警报，提醒采取措施，避免爆炸事故的发生。

5. 防治措施

合理泄压是减轻爆炸影响最有效的方法之一，因此建筑结构设计时考虑泄压方式、路径尤为重要。然而，由于民用住宅的多样性以及每户的独特性，任何细节都对泄压存在影响，合理设计泄压仍待进一步研究。

（1）发生燃气爆炸后，应及时对被损坏房屋进行检测鉴定，确定房屋安全状况，为后续工作提供依据。

（2）民用住宅门窗对燃气爆炸有泄压作用，因此，燃气爆炸一般会对房屋主体结构影响相对较小，主要造成门窗、隔墙等装饰装修损坏。

（3）为减少燃气爆炸影响，可从设计、使用等方面着手，重点采用泄漏、防爆方式进行防护。

检查漏气的方法：

（1）嗅。通过呼吸器官判断，天然气中有加入臭味剂，带有一定的刺激性味道，一旦发生渗漏能够嗅到。

（2）试。用皂液试漏，将肥皂水涂在管线或器具的连接部位，如起泡则证明漏气，严禁用明火试漏。

（3）记。用气结束后记录气表读数，在下次用气前核对气表读数，如有变化则可能存在漏气。

发现燃气外泄的自救步骤：

（1）迅速关闭气源总阀门。

（2）严禁开、关任何电器或者使用电话，切断户外总电源。

（3）熄灭一切火种。

（4）迅速打开门窗，让天然气散发到室外。

（5）到室外拨打燃气公司抢修、抢险电话。

（6）发现邻居家天然气泄漏，应敲门通知，切勿使用门铃(防止电火花引起燃气爆炸)。

（7）如果事态严重，应立即撤离现场，拨打火警电话119报警。

什么样的房屋在遇到天然气爆炸时，更加安全呢？

（1）结构要有抗连续倒塌的能力。

（2）墙体均匀、连续、上下贯通，避免孤墙。

（3）承重墙体交界处咬槎砌筑，构造柱拉筋连接，避免薄弱墙体。

（4）墙、板、圈梁拉筋连接。

（5）避免采用无梁楼盖，尽量采用整体性好的楼盖，并加强楼盖的拉结。

（6）加强节点的延性。

住宅楼发生燃气爆炸后，承重墙、隔墙、门窗等部位的损坏往往较为明显，但同时也不能忽视对雨棚、阳台栏杆等受冲击波影响后易掉落构件的检测。房屋局部存在危险点的，不论是在检测期间还是在后续加固、补强的过程中，防止次生灾害的发生同样至关重要。

此外，天然气爆炸对建筑物的影响主要是爆炸后冲击波的作用，天然气爆炸后的冲击波沿压力较低的方向传播、泄压，最终会形成从引爆点到外界大气环境的有效泄压路径。天然气爆炸后，为了形成有效的泄压路径，会对抗压能力薄弱区域的房屋构件及设施产生巨大的破坏作用。天然气爆炸后，如果没有较好的泄压路径，其冲击波就会对房屋的主体结构造成巨大影响。

合理泄压是减少燃气爆炸对房屋主体结构影响的有效方法之一，怎样的设计能让房屋主体结构在燃气爆炸时快速、合理地泄压，这是我们需要进一步研究的方向。

六、私自增层、拆改结构影响

案例1 苏州市某管理服务有限公司辅房因乱拆构件发生坍塌事故

1. 事件概况

2021年7月12日15时31分许，位于苏州市吴江区松陵街道油车路188号的苏州市某管理服务有限公司(以下简称某酒店)辅房(以下称事故建筑)发生坍塌事故，造成17人死亡、5人受伤，直接经济损失约2615万元。

事故发生后，党中央、国务院高度重视，要求全力以赴组织救援和伤员救治，住房城乡建设部要指导地方加强建筑隐患、施工防范方面的排查整治，保障人民生命财产安全。应急管理部、住房和城乡建设部及时派出联合工作组赴事故现场指导救援处置工作。国务院安委会对该起事故实行挂牌督办，并派出以应急管理部总工程师为组长的督办组指导事故调查。江苏省委、省政府主要领导迅速作出批示，并赶赴现场指挥救援处置工作，要求深刻吸取教训，深入开展排查整治。江苏省委、省政府分管领导，苏州市委、市政府主要领导及省应急、住建、卫健、消防救援等部门主要负责同志现场组织开展事故应急救援处置工作。

依据《中华人民共和国安全生产法》《生产安全事故报告和调查处理条例》(国务院令第493号)等法律法规，2021年7月13日，经江苏省人民政府批准，成立了由省应急管理厅牵头，省公安厅、省自然资源厅、省住房和城乡建设厅、省商务厅、省总工会、省消防救援总队以及苏州市人民政府有关负责同志参加的江苏省人民政府苏州市吴江区"7·12"某酒店辅房坍塌事故调查组(以下简称事故调查组)，聘请有关专家参与事故调查工作。江苏省纪委监委同步成立事故追责问责审查调查组，对有关地方党委政府、相关部门和公职人员涉嫌违法违纪及失职渎职问题开展审查调查。事故调查组认定，苏州市吴江区"7·12"某酒店辅房坍塌事故是一起涉及建筑主体和承重结构变动的装修工程非法委托与承揽、错误的改造设计、混乱的施工管理及临时拼凑的拆墙作业人员等多因素叠加在一起导致的房屋坍塌重大生产安全责任事故。

2. 调查过程

（1）事故经过及救援情况。

2021 年 7 月 6 日，某酒店在未办理施工许可的情况下，由苏州某建筑工程公司（以下简称某建筑公司）在事故建筑一楼现场组织墙体拆除施工。7 月 8 日，完成一楼走廊南北两侧房间各 5 垛横墙拆除。7 月 9 日，开始拆除一楼走廊两侧纵墙。7 月 12 日，事故建筑一楼过道北侧内纵向砖墙拆除后，在由西向东拆除过道南侧内纵向砖墙约完成 1/3 时，15 时 31 分 38 秒事故建筑中部偏西区域开始下沉（见图 6-1、图 6-2），至 15 时 31 分 46 秒完全坍塌，持续时间 8 秒钟。事故发生时，楼内共有 23 人被困。

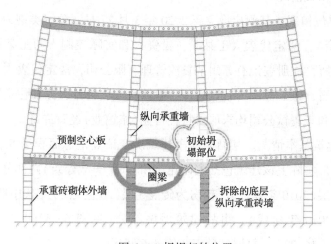

图 6-1　坍塌起始位置

图 6-2　视频截图

71

2021年7月12日15时33分3秒，110接到报警。15时35分，苏州市消防救援支队接警后第一时间调派力量赶赴现场，立即开展前期搜救。江苏省消防救援总队接报后迅速启动重特大灾害事故应急处置预案，从南京、镇江、常州、无锡、南通5市及训练与战勤保障支队和总队全勤指挥部调集11支重轻型地震救援队共694名指战员，携带生命探测仪器、蛇眼探测仪、搜救犬以及特种救援装备驰援现场，全力搜救被困人员。经过41小时全力救援，搜救出23名被困人员，其中17人遇难，5人受伤，1人未受伤。7月14日9时，经反复确认无其他被埋人员后，搜救工作结束。

（2）事故相关情况。

① 事故单位情况：某酒店设立于2020年3月27日，公司类型为有限责任公司（自然人独资），法定代表人王某新，投资人和实际控制人为王某石。在同一地址、同一场所，注册登记有苏州某餐饮管理有限公司，法定代表人王某根，实际控制人王某石，经营范围为餐饮管理、餐饮服务、会务服务和住宿服务、食品销售。某酒店和某餐饮公司均未取得特种行业（旅馆业）经营许可。

② 事故建筑基本情况。某酒店涉事建筑房产证登记总面积为5338.5m²，结构为钢混4层。实际上该建筑包括主体建筑和辅房（事故建筑）两部分，其中主体建筑为钢混4层（2010年建成），辅房为砖混3层（20世纪80年代中期建设）、局部加建1层（2010年建成）。事故建筑坍塌部分（见图6-3）共3层，东西长22.9m，南北宽16.27m，每层过道南北侧各6间房。

经调查，该辅房坍塌部分主体为3层砖墙承重的混合结构（砖混结构），墙体采用八五烧结黏土砖砌筑，墙厚220mm，7楼屋面为预制混凝土空心板（板宽500mm），楼屋面处设有220mm×220mm钢筋混凝土圈梁，圈梁配筋4φ10，未见构造柱。基础为条形砖基础，基础上地圈梁220mm×120mm。坍塌时，一楼正在装修改造，面积约500m²，辅房建筑平面布置（底层）如图6-4所示；二、三楼正常住宿营业，共有24间客房。

事故建筑产权几经易手，截至事故发生时，证载产权人为王某石。其间，事故建筑分别由3层砖混结构、建筑面积1688.86m²，加改扩建为4层钢混，面积5338.5m²（见图6-5）。

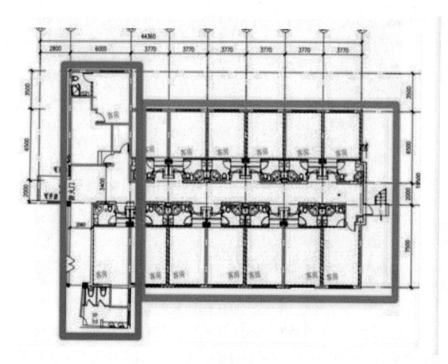

图 6-3　辅房坍塌区域(粗线框内)

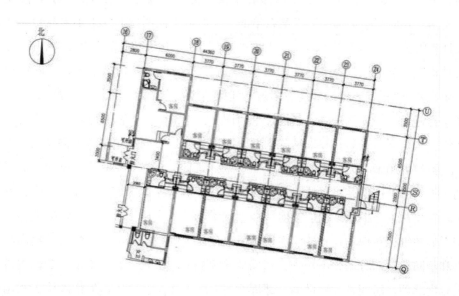

图 6-4　辅房建筑平面布置(底层)

图 6-5　2020 年航拍影像图

③ 事故建筑装修项目情况。2021 年 5 月，某酒店拟将事故建筑的一楼房间全部改造成餐饮包厢。6 月，王某根将某建筑公司法定代表人李某及其妻丁某介绍给王某石。6 月 11 日，丁某联系郭某某，告知其按照王某石的要求装修设计平面图，并向郭某某提供了王某石给的一张纸质平面图（为 2011 年由苏州某建筑设计有限公司出具用于当时装修工程的底层平面图，该图标明"本建筑为四层框架结构"。实际上，"本建筑"图纸还包含了三层砖混结构的事故建筑。图纸说明中明确要求"所有装修设计均不得破坏建筑结构安全开墙破洞"）。6 月 15 日，郭某某通过微信向丁某提供装修设计平面图。7 月 3 日，某酒店与某建筑公司签订装饰工程合同，王某石和李某分别在合同上签名。合同约定工程期限 75 天（7 月 5 日至 9 月 20 日），合同总价 55 万元。7 月 4 日，郭某某根据装修设计平面图绘制了拆墙图纸；李某将事故建筑墙体拆除作业分包给刘某某。7 月 5 日晚，刘某某联系挖机参与拆除某酒店辅房一楼室内墙体。7 月 6 日，丁某、郭某某等人根据拆墙图纸，在现场走廊的墙面上用黑色记号笔画好门洞位置。郭某某提出除水管和消防栓这部分墙先不拆外，横墙要全部拆掉。7 月 7 日至 8 日，2 台挖机将走廊南北两面房间各 5 垛横墙全部拆除。7 月 9 日，丁某与郭某某确认走廊两侧纵墙墙面全部拆除，只保留消防栓位置的墙面。7 月 11 日，丁某在拆墙工人提出异议后继续要求拆除走廊两侧纵墙墙面剩余部分。7 月 12 日，拆墙工人继续

拆除走廊两侧纵墙，直至事故发生。

投诉举报处理情况：7月12日上午10时左右，吴江区松陵街道综合行政执法人员根据"12345"热线工单，到达某酒店处理群众反映有施工噪声的问题，工作人员要求施工人员早上不要使用电锤，晚上禁止施工。

3. 原因分析

（1）直接原因。

在无任何加固及安全措施情况下，盲目拆除了底层六开间的全部承重横墙和绝大部分内纵墙，致使上部结构传力路径中断，二层楼面圈梁不足以承受上部二、三层墙体及二层楼面传来的荷载，导致该辅房自下而上连续坍塌。事故调查组对事故现场进行勘察、取样、实测，未发现基础明显静载缺陷；根据当地提供的气象、地震等资料，逐一排除了气象、地震等可能导致坍塌的因素。

（2）间接原因。

① 建设单位将事故建筑一楼装饰装修工程设计和施工业务发包给无相应资质的某建筑公司，施工图设计文件未送审查，在未办理施工许可证的情况下擅自组织开工，改变经营场所建筑的主体和承重结构。

② 施工单位在未依法取得相应资质的情况下承揽了事故建筑装修改造项目，并将其承揽的装饰装修设计业务和拆除业务分包给不具有相应资质(资格)的个人，未建立质量责任制，未确定项目经理、技术负责人和施工管理负责人，未编制墙体拆除工程的安全专项施工方案，无相应的审核手续。未对施工作业人员进行书面安全交底并进行签字确认，在事故建筑一楼装饰装修工程无施工许可证的情况下组织墙体拆除施工。

③ 房屋产权人未履行房屋使用安全责任人的义务。

④ 设计人员未取得设计师执业资格，未受聘于任何设计单位，在没有真实了解辅房结构形式的情况下，提供了错误的拆墙图纸，并错误地指导了承重墙的拆除作业。

⑤ 墙体拆除作业承包方无相应资质。

4. 教训和反思

（1）未牢固树立安全发展理念。苏州市在牢固树立底线思维和红线意识、统筹处理安全与发展两件大事上存在差距，建筑领域专项整治重部署轻落实，对落实"确保建筑使用安全，切实维护公共安全和公众利益"的要求督促指导不力。

吴江区对建筑领域安全生产工作重视不够，未深刻吸取事故教训，"两违"专项治理和既有建筑使用安全隐患排查整治工作不实不细，风险研判不全面，管控措施不得力，监督管理层层失守，违规建设现象长期存在。

（2）企业无许可、无资质，违规建设肆意妄为。此次事故涉及的参建各方法治意识淡薄，知法犯法，无许可、无资质擅自施工，有关单位事中、事后监管严重缺失，整个装修施工安全失管失控。涉事酒店不履行法定义务，未提供与建设工程有关的原始资料，不经正规设计，不办理施工许可，并违法将装饰装修工程发包给无资质的施工单位。涉事施工单位非法承揽，违规施工，临时拼凑安全技能素质普遍较低的作业人员，不管不顾冒险蛮干，最终导致涉事酒店辅房坍塌，造成重大人员伤亡。

（3）基层"漏管失控"现象较为严重。吴江区住建部门和综合行政执法队伍之间监管执法职责边界不清晰，存在分工不合理、权责不一致、运行效率不高等问题，未能对长期存在的违法违规建设行为有效制止并查处。吴江区住建部门对中介机构疏于管理，对中介机构出具的报告审核把关不严，对中介服务存在的弄虚作假问题漏管失察。吴江区公安部门特种行业许可管理不严不实，未能及时发现、处理涉事酒店无许可从事旅馆住宿服务违法行为。吴江东太湖生态旅游度假区（太湖新城）、松陵街道属地管理责任缺失，对涉及公共安全的既有建筑使用安全未按专项治理要求和违法建设认定标准进行排查整治；处理"12345"群众举报事项不规范，未能制止涉事酒店违法违规行为。

（4）既有建筑使用安全管理存在明显短板。伴随城镇化快速发展，既有建筑保有量不断增加，建筑结构构件、设施设备逐年老化，使用安全风险日益凸显，但现有的安全管理存在明显短板，与工作要求不相匹配。产权人不履行既有建筑使用安全责任人的义务，在改变建筑结构、布局和用途时，不去全面掌握建筑结构、建设年代等基本情况，不主动了解基本建设程序，不办理相应法定手续。主管部门既有建筑安全治理体系不完善，工作机制不健全，安全管理制度不完备，缺乏必要的指导和检查。街道（乡镇）对涉及公共安全的人员聚集场所等重点建筑信息掌握不全，日常检查不彻底。居民（村民）委员会有针对性地动态巡查不到位，前哨作用发挥不明显，难以及时发现并制止擅自改变既有建筑使用功能、盲目改扩建工程等违法违规行为。

案例2 湖南自建房倒塌调查和分析

1. 事件概况

2022年4月29日12时24分，湖南省长沙市望城区金山桥街道金坪社区盘树湾一居民自建房发生倒塌事故，造成53人遇难。

经初步调查，倒塌房屋系居民自建房，共9层，其中1楼为门面，2楼为饭店，3楼为放映咖啡馆，4、5、6楼为家庭旅馆，7、8、9楼为自住房。承租户对房屋有不同程度的结构改动。倒塌房屋前后对比如图6-6所示。

图6-6 倒塌前后对比

2. 调查过程

（1）建造历史调查。

从图6-7可以看到，该结构底部3层外立面布置相同，4~5层外立面与下面1~3层布置不同，6层为第二次加建，局部的7层、8层、9层为第三次加建。

（2）当地建筑传统调查。

经过调查，该地区房屋基本为同一批建筑工匠所建造，该街道房屋表现出相似的结构体系和相似的建造工艺。参考该房屋所在街道尽头的一栋新建房屋可知：

①1层、2层正面有两个窗户，有东西向大梁搭于东、西两侧墙体。

②3层墙底位置有搭接于2层大梁的次梁，次梁上搭接预制板。

③3层住宅在次梁及主梁上增加墙体，墙体的线荷载通过次梁传递给东西向大梁，大梁再传递给东西两侧墙体。

④3层明显看到有预制板，3层、4层东西向大梁依然存在，否则预制板没有地方搭。

图 6-7　原结构与加建后结构

⑤ 用阳台梁作为墙体承重梁，结构体系混乱。

邻近相似房屋如图 6-8 所示。

图 6-8　邻近相似房屋

（3）街道房屋调查。

图 6-9 为垮塌房屋所在街道附近的几栋房屋，从图中可以看出：

① 四栋房屋中前三栋房屋采用了圈梁和构造柱，并将墙体分隔成矩形方块，第四栋房屋缺少构造柱且圈梁不闭合。这个楼层较矮，可能是早期所建。

② 构造柱看不出有马牙槎，构造柱与墙体的锚固和拉接并不结实，与规范和图集里要求的做法不同。据此推断，构造柱与墙体也缺少拉结钢筋。

图 6-9　该街道房屋

（4）坍塌现场调查。

经过对坍塌现场调查发现，该结构采用了预制楼板，预制楼板搭接于左侧墙体顶部的圈梁上。预制板为东西方向，应该为 3~6 层旅馆的楼板。东西向阳台梁与圈梁有拉接。从图 6-10 中可以看出，阳台梁与圈梁并不在一起，可见这种

79

拉接较弱，在垮塌冲击力的作用下已断裂。

图 6-10　断裂阳台梁

从图 6-11 可以看到，阳台板内有网状钢筋，梁端有稍粗的断裂的钢筋。图 6-12 为空心加气砌块砖，这种材料的特点是质量轻、隔音好，适合隔离不同房间，这很可能是 3~6 层为分隔不同房间所采用的材料。

图 6-11　阳台板

图 6-12　空心加气砌块砖

（5）当地居民调查。

通过走访当地居民，了解到如下情况：

① 该房主进行了多次改造。

② 该结构出现过裂缝，并进行了修复。

③ 该结构近期又出现了裂缝，房东正打算修复。

④ 该房子目前正在装修。

（6）鉴定报告内容调查。

① 该结构 4~6 层为旅馆，主要承重构件未发现明显的开裂、变形等不利于承载的损坏现象。

② 该结构 4~6 层墙体砂浆强度为 1.9MPa，砖强度为 MU10。

③ 该结构 4~6 层侧面有开窗。

④ 该结构四周墙体未见明显沉降裂缝和不均匀沉降迹象。

（7）平面布置及竖向传力路径调查。

① 1 层为餐馆和奶茶店，结构左侧为上 2 层餐馆的钢梯、1 层带顶部装修。由于和 2 层外立面相同，并结合街头建筑 1 层、2 层的相似性，推测 1 层、2 层结构布置相同。

②2 层餐馆顶部没有装修，可以看到有几根大梁搭于两侧墙体，中间没有柱子。依据砌体通常的模数、地面及墙上瓷砖的个数及模数、构件的空间比例，推测大梁长度约为 6000mm，高度约为 600mm。大梁中间垂直方向在靠近窗户位置有一根次梁，次梁到第二根梁以后就没有了。也就是说，只有一段有这个次梁。这一层的结构基本明确，大梁搭于两侧墙体，与前面提到的街头建筑 1 层、2 层类似。

③3 层为影院，从走廊图来看，推测 3 层和 2 层的平面布置方式相似，也是几根大梁搭于两侧墙体。

④4~6 层为旅馆，依据常理，旅馆应该有一定隔音措施，重量要轻，同时，这些空心砌块放置于下一层的次梁上。也就是说，这里有一个竖向荷载转换，3 层次梁再将力传递给东西向大梁，大梁再将力传递给东西两侧墙体。总体来看，这 3 层旅馆也是东西向墙体最终承重，但梁端局部承压小了一些。

3. 原因分析

依据上述调查、分析，该结构的体系和布置可能是这样的，如图 6-13 所示。

（1）1~3 层楼板导荷方向应为南北向，梁端局部受压面临考验。

（2）4~6 层增加了轻质空心砌块墙体，荷载有所增加。

（3）4~6 层增加了次梁，楼板导荷方向转为东西向。

（4）1~6 层东西向大梁都在，并没有竖向刚度突变。

（5）每层荷载均最终导入东、西两侧墙体。

（6）该结构可以认为无横墙，按弹性方案考虑。

图 6-13　整体结构

对结构进行承载力计算可知，1 层受压最大，承载力与限值比为 0.44，不符合规范要求，这与层数过多增加的荷载、材料强度偏低有直接关系。程序计算的墙体高厚比为 15.6，小于规范限值

21.3。依通常经验，砌体往往有 2~3 倍的安全储备，不应该被轻易压碎、垮塌。1 层高厚比及受压承载力如图 6-14 所示。

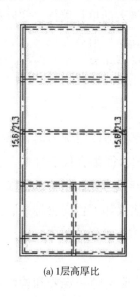

(a) 1层高厚比

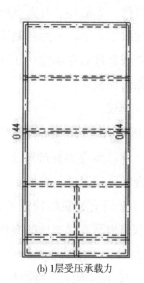

(b) 1层受压承载力

图 6-14　结构计算

倒塌最大的可能仍然是东西两侧的墙体率先破坏，可根据程序计算，超载并不是很离谱，高厚比也符合规范要求，难道是计算错了吗？

我们再来看这个结构的结构体系：该结构为单跨的砌体房屋，类似工业厂房两侧高高的墙体，中间的大梁虽然能起到作用，却存在自己支撑自己的问题，高厚比的程序计算结果是不对的。通过手算，按 9 层计算，将东西两侧 240 墙体厚度叠加成 480 的极端情况进行计算，一层墙体实际等效高厚比为 $3×9÷0.24÷2 = 56.3$，$56.3÷21.3 = 2.6$，即高厚比为限值的 2.6 倍。

依据《砌体结构设计规范》（GB 50003—2011）附录 D 的公式进行计算，得到的稳定系数 $\varphi = 0.14$，换算成轴心受压的强度比为 0.09，而不再是 0.44。也就是说，结构实际的压力超过实际承受能力的 10 倍。

4. 调查结论和建议

（1）调查结论。

自建房混凝土大梁通常不会超筋，混凝土如果为适筋破坏或少筋破坏，也应该先出现裂缝、下挠，而后破坏。从梁的图片来看，并没有明显下挠，也无明显增加的荷载，排除大梁本身率先破坏的可能。大梁两端与圈梁现浇在一起，应该

也不是局部承压破坏的问题。该结构虽然有圈梁、构造柱，但缺少马牙槎和拉结筋，结构整体性薄弱，形成弹性方案的单跨多层砌体房屋。由于两侧墙体横向自己支撑自己，无法建立有效支撑，两侧墙体形成高度极大的单片墙体，实际高厚比严重超限 2.6 倍。东西两侧墙体为竖向薄弱构件，在 9 层荷载作用下，底部墙体压力严重超过底部墙体受压承载力的 10 倍。在装修扰动下，底部两侧墙体发生失稳而垮塌破坏。

（2）建议。

① 因既有建筑鉴定综合判断的重要性及难以用规范那样明确的语言表达的局限性，建议鉴定类标准附上专家组编制的案例汇编，征集有代表性的、优秀的、符合实际情况的、可便于实际操作的案例汇总每年出一期，供鉴定师参考。

② 关于既有建筑的检测鉴定规范和行业管理，建议如下：完善标准，鉴定规范编制组编写有代表性的案例汇编，纳入像施工图审查那样的制度。

③ 对检测鉴定从业者的建议。

a. 一般鉴定程序是检测外业，鉴定内业。但是，鉴定师一定要和检测师同时到现场对建筑观察和调查，鉴定师对建筑做综合判断，写调查报告，和检测师商定检测方案；鉴定师再进行内业计算分析，研究数据；等等。鉴定师不可只在办公室分析数据，当然一个人同时具有鉴定和检测能力是最好的了。

b. 一般建筑，鉴定前必须了解委托方的真实意图，即鉴定的目的。不同的目的有不同的鉴定方法。比如一个既有建筑，只是在某层楼板局部加一个设备，它仅对楼板和梁有点影响，对竖向构件影响不大。应该说，局部鉴定这个楼板是可以的。如果发现是如长沙坍塌房屋那样的房屋结构，是万万不可以做局部鉴定的。鉴定人员实际上不能左右这个建筑的倒塌，你不做鉴定，业主可能会找别人做鉴定，甚至有可能伪造鉴定。鉴定人员应该给委托方说清利害关系，也许业主就会改变行为方式。

④ 今后应该逐步解决既有建筑的问题，建议如下：

a. 较长年代城市砖混房屋应进行安全性鉴定。

b. 严禁进行野蛮改造装修。

c. 对进行过野蛮改造装修的房屋应进行安全性或危险房屋鉴定。

⑤ 修改完善既有建筑检测鉴定和政府管理法规。

目前，关于既有建筑的鉴定资质，国家没有统一的要求，鉴定水平和报告良

莠不齐(如长沙倒塌房屋的鉴定报告,严重不符合要求,是为了通过政府审批的虚假报告)。建议应尽快纳入管理范畴,并经过有关部门审查(类似于建筑施工图审查),鉴定报告应该有相应设计资质的注册结构师审阅并签章。

5. 教训和反思

房屋安全问题又一次为我们敲响了警钟,不论是建设,还是在装修过程中,都必须按照设计规范进行施工。特别是现在的家庭装修,更不能私拆乱改,否则就会给整栋楼房造成安全隐患。一旦发生安全事故,后果不堪设想。长沙出租自建房倒塌事故是惨痛的,政府也正在对类似的房屋进行紧急排查。事故后,网上流出的鉴定报告(调查组未定性)让我们每一个人不得不认真思考:对既有房屋的检测鉴定要对别人负责,同时也要对自己负责。

案例3 泉州隔离酒店倒塌事件

1. 事故调查

2020 年 3 月 7 日,用作疫情集中隔离的泉州欣佳酒店发生坍塌(倒塌现场见图 6-15)。事发时,楼内共有 71 人被困,大多是从外地来泉州的需要进行集中隔离、健康观察的人员。经过救援,42 人得以生还,另外 29 人不幸遇难。

图 6-15 倒塌现场图

国务院事故调查组的调查结论表明,这是一起主要因违法违规建设、改建和加固施工导致建筑物坍塌的重大生产安全责任事故。

调查结果显示，坍塌的欣佳酒店，从 2012 年地基开挖的第一天起，就是一栋违章建筑，它从一开始就不应该存在。

杨某是欣佳酒店建筑的产权人、事故的直接责任人。为了省钱省事，他没有办理任何法定手续，将工程包给无资质人员就直接开工了。

为了先建后批，杨某通过各种手段，采用违规形式，绕开国家监管，违规越权审批建设项目，严重违反国家法律法规。这个违章建筑顺利建起来了，未经竣工验收备案就投入了使用（见图 6-16），相关部门也没有进行后续的督促监管。

图 6-16　停车楼现场调查

2016 年，杨某又私自违法改建，在建筑内部增加夹层，从四层改为七层，隔出了多个房间（见图 6-17）。正是这次改建，埋下了建筑坍塌的重大隐患。

图 6-17　酒店增加夹层模型

泉州市各级住建部门对建筑活动和工程质量负有监管主体责任，对于欣佳酒店建筑的长期违法违规行为从未发现和查处。

有关部门草率选址，存有严重隐患的欣佳酒店被选为隔离酒店。

到了2020年1月10日，杨某对建筑局部重新装修时，发现有三根钢柱严重变形（见图6-18），杨某却要求工人不要声张。

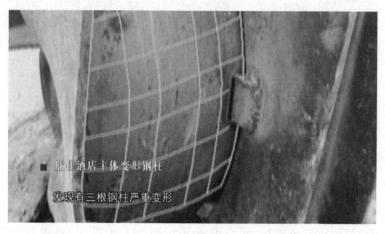

图6-18　钢筋变形部位

杨某毫无安全意识和责任心，自认为加固一下就没有问题。由于春节工人要回家，他决定春节后再加固，不料春节前后新冠疫情暴发。由于相对远离居民密集区，欣佳酒店被选为外来人员集中隔离、健康观察点。实际上，这一选点未经认真调研、安全排查就草率做出，相关领导也都没有到现场检查。

事故发生前三天，杨某还组织工人到酒店进行焊接加固作业，连续三天随意进出集中隔离、健康观察点施工，也无人过问。

2020年3月7日，这栋建筑的结构长期严重超荷载，早已不堪重负。不专业的焊接加固作业的扰动，最终打破了处于临界点的脆弱平衡，引发连续坍塌，29个鲜活的生命随之骤然而逝。事故救援现场如图6-19所示。

围绕这起事故，纪检监察机关对49名公职人员进行了追责问责，其中7人涉嫌严重违纪违法，被移送司法机关追究刑事责任，41人受到党纪政务处分，1人受到诫勉。在这49人中，从杨某那里收受过财物的人只有少数几人，绝大多数人并没有利益关联，却由于工作不认真不尽责，共同造就了这座违法违规的夺命建筑。

图 6-19　事故救援现场

形式主义、官僚主义这种隐性作风问题，难以发现和整治，一旦显现出来，就容易酿成严重后果，必须警钟长鸣。

《民用建筑可靠性鉴定标准》（GB 50292—2015）规定，建筑物在大修前，改造或增容、改建或扩建前，改变用途或使用环境前，都应进行可靠性鉴定。一份由福建省建筑工程质量检测中心有限公司出具的检验报告显示，该酒店曾进行结构正常使用性鉴定。

正常使用性鉴定的要求比可靠性鉴定低，鉴定时无法看到建筑里的钢柱结构，不进行建模计算，有的只是去转一圈看看外观、推推门，看能否使用。

依据上述检验报告，这次检验"仅对房屋正常使用性进行鉴定，凡涉及该房屋结构安全及拆改主体结构或变更使用功能问题，委托方必须另请相关部门重新鉴定"。

在鉴定内容方面，这次检验对该楼建筑现状进行了全面检查，对钢柱、钢梁截面尺寸进行了抽样检测，对钢构件的节点构造及连接、变形等进行了检查。

鉴定结论显示，除建筑钢构件防火涂层项目的正常使用性不符合鉴定标准要求外，建筑使用的钢材强度符合国家标准，钢框架没有明显裂纹，钢构件漆面没有明显锈蚀或腐蚀，围护墙体没有明显开裂。

这份检验报告的最终结论为：泉州鲤城区欣佳酒店作为酒店使用功能的结构正常使用性基本满足鉴定标准要求，后续使用年限为 20 年。

2. 教训和反思

泉州欣佳酒店坍塌事故共造成 29 人死亡。对于此次事件，我们必须举一反三。酒店违法建设，多次违规改建，暴露出地方有关方面安全生产责任不落实，对酒店从建设到经营管理不同程度地存在盲区和漏洞。要压实各种安全生产责任，加强对重点地区重点行业的排查，特别是扩建的老旧危房，深化重点领域重点整治，严防安全事故发生。

七、设计不当影响

★案例　郑州游泳馆倒塌调查和分析

1. 事件概况

2022 年 4 月 18 日上午 10 时，郑州市金水区东风路五洲温泉游泳馆钢结构屋顶发生局部垮塌，下午 3 时 30 分救援工作结束，共救出 12 人，其中轻微伤和轻伤 9 人、死亡 3 人(1 人经抢救无效死亡，2 人现场死亡)。目前，3 名企业经营者已被警方控制，善后工作及事件具体原因正在调查中。

2. 调查过程

据了解，该游泳馆经营方是郑州五洲大酒店俱乐部有限公司，该馆于 20 世纪 90 年代建成。倒塌后建筑结构如图 7-1~图 7-5 所示。从现场图片可以看到，游泳馆其中一角发生坍塌，顶部材料掉落到泳池中，泳池水变得浑浊。

图 7-1　屋面局部倒塌整体俯视图

图 7-2 倒塌后室内情况

图 7-3 屋顶未坍塌位置的梯形钢桁架

图 7-4 屋顶坍塌后系杆及钢桁架

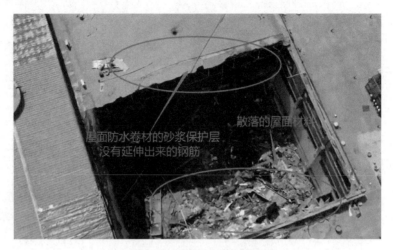

图 7-5　屋面的面层材料

3. 原因分析

（1）从事故图片可以看出，该游泳馆屋面采用梯形钢桁架结构，屋面面层是防水卷材和砂浆保护层，没有看到延伸出来的钢筋。屋面板不是现浇钢筋混凝土板，也不是彩钢屋面板，有可能是钢筋混凝土预制板。屋面板坍塌后已落入泳池中，从事故视频中看不到屋面板。

这种大跨度的钢结构屋面，一般采用自重较轻的钢结构屋面，或者采用整体性较好的现浇混凝土板，不太适合采用自重较大、整体性较差的预制混凝土板屋面，更不能按轻钢屋盖的设计经验，忽视混凝土板较大的自重荷载。

（2）钢结构腐蚀有可能也是原因之一，泳池环境对钢结构腐蚀更严重：为保证泳池内水质要求，池内会定期投放氯化物，在恒温环境下（26～28℃），药品挥发、游离于馆内，是钢架结构容易腐蚀的"罪魁祸首"。再加上钢结构长期处于潮湿环境，室内温差较大，室内通风不畅，更容易造成钢结构腐蚀。

（3）安全管理不到位。在事故发生前，有很多顾客也反映过游泳馆设备老旧、装修破落，每年都要进行维修，基本上就是边开放边维修，且都是零零散散地维修，哪里出问题补哪里，并未对游泳馆进行整体维护。

4. 分析结论和建议

（1）分析结论。

通过对游泳馆倒塌事件的调研可以得出如下结论。

① 消毒系统陈旧。因为泳池水循环系统工艺落后、设施陈旧，因此在给泳

池水进行消毒过滤时需要完全依赖大量氯消毒药剂的投放，让游泳馆内持续产生氯蒸气。游泳馆长期处于重氯高氧化环境，会严重腐蚀游泳馆的钢结构顶棚和其他建筑构件。

② 除湿设备不完善。该游泳馆没有配备符合要求的除湿通风系统，加热池水后空气中出现大量水蒸气，在馆顶天花板上遇冷后凝结成水珠，从而出现屋顶滴水的现象。游泳馆长期处于高潮湿环境，大大降低了钢结构顶棚的使用寿命。

③ 钢结构平面梯形桁架结构弊端。梯形平面桁架结构存在天然的缺点——结构纵向不稳定性（垂直于平面桁架，沿游泳池池长方向）。平面桁架的设计、制作与安装均较为简单，适应的跨度范围较大，但存在侧向刚度小的缺点。尤其是钢结构的平面桁架，受压的上弦平面外稳定性差，需要设置支撑，并把各榀平面桁架连成整体，以抵抗房屋的纵向侧力（风力与地震力）。事发游泳馆屋架采用了钢结构平面桁架，埋下了安全隐患。

（2）建议。

① 游泳馆结构采用铝结构。目前，市场上大多泳池泳馆皆采用钢结构，但是钢结构耐腐蚀性差、需焊接、耐火性差、低温易断裂等缺点难以改变，游泳馆结构需要创新。

② 采用三路回水系统，全方位进行水循环，水质更优，可大量减少消毒药物的投放，有效降低泳池氯含量，在保障泳客身体健康的同时能够大大降低氯蒸气对场馆设施设备的腐蚀。

③ 采用有效的除湿通风系统，有效去除游泳馆水雾，降低湿度，让游泳环境更舒适，更大程度地保护结构的使用性能。

5. 教训和反思

此次事件的发生令人痛心，发人深省，暴露出场馆管理和使用者安全意识不强、日常检查不及时、维护管理不到位等问题。安全生产责任重于泰山，要紧盯重点时段、重点场所，除隐患保安全，坚决防止隐患演变成事故。要抓好体育场馆安全，按照要求配备安全保护设施和人员，在醒目位置做好标识标记，确保场馆安全正常使用。要抓好建筑房屋安全，强化协同联动，加大对违法建设和违法违规审批经营主体的查处力度，全面消除建筑安全隐患。

八、结构老化

案例 浙江奉化楼房倒塌事件

浙江奉化某小区第 29 幢楼房倒塌不是一个偶然事件。在当地调查中发现，"危楼"不仅是倒塌的这一幢，同社区的其他楼、同街道的其他社区，还有许多楼房或出现安全隐患，或已被评定为 C 级或 D 级危房。危楼曾经多次检测仍"能住三五年"。

1. 事件经过

2014 年 4 月 4 日上午 8 点 45 分，浙江省奉化市锦屏街道 X 社区某小区一幢 5 层居民楼发生倒塌事故（房屋倒塌现场如图 8-1~图 8-4 所示）。

废墟下面掩埋的 7 名受困者，分别来自二楼、三楼和五楼的 5 个住户，其中 307 室和 507 室都是两名家庭成员同时遭遇事故。

图 8-1　房屋倒塌现场 1

图 8-2　房屋倒塌现场 2

图 8-3　房屋倒塌现场 3

图 8-4　房屋倒塌现场 4

2. 调查过程

居敬路 29 幢，这个五层楼的一个半单元就此垮塌，如今留在那里的是半扇楼体(断面整齐如刀切)以及一堆废墟。这幢居民楼竣工于 1994 年，曾经属于当地的一项"样板工程"，被称为"严格按照规范进行规划建设"。居敬路 33 幢的多位居民表示，29 幢的质量问题在事发前几天开始越发凸显：地板拱起、门窗(由于墙体变形)关不上、墙上裂缝变大、有沙子滑落。4 月 3 日曾有危房检测机构被邀请前来，结果得出了"还能住三五年"的评定。此前 1 月，29 幢曾经被评定为"C 级危房"，属于只需加固的"局部危房"。

35 号楼在 2013 年就开裂，从五楼开始往下裂了一道缝，可以伸进两根手指。2013 年下半年他们自己找人用水泥将其抹上，但现在仍然由于墙体变形导致窗户打不开。

由于地势偏低，2013 年"菲特"台风过境后曾经致使 X 社区部分楼体泡水。

问题还不仅存在于 X 社区里。该社区南边仅一条马路之隔，同属于锦屏街道地区的 Y 社区，其中的 5 弄 11 幢现在已经人去楼空。2013 年，这幢房子出现了倾斜、沉降，随后被鉴定为 D 级危房，不能居住。随后，居民被安置到了其他社区。11 幢楼体的左侧露出了钢筋，且呈压弯状。

附近的危楼情况还不仅如此。据悉，在同属于锦屏街道的另一社区——东门社区里，城基路 24 幢、26 幢两座楼房在 2009 年就被鉴定为 C 级危房，但始终没有得到加固措施。另据媒体公开报道，2009 年 9 月 5 日凌晨 2 点多，锦屏街道南门社区西溪路一幢 5 层居民楼突然倒塌，所幸之前住户已全部转移。当时事故的鉴定结果显示，房屋倒塌的主要原因是施工质量差，责任人受到了处理。

事发后，奉化市人民政府办公室给各相关单位下达了文件《关于立即组织开展全市危旧房屋安全生产大排查大整治的紧急通知》，其中要求以"使用年限接近或超过 20 年的房屋""尚未解危的危房"等作为检查重点。

浙江建院建设检测有限公司在 2014 年 1 月 17 日做出一份《奉化市居敬路 29 幢房屋工程质量检测评估报告》。该检测报告得出了居敬路 29 幢"不能够满足正常使用要求"的结论，将该幢房屋评定为 C 级，且建议对房屋尽快采取加固措施，以确保安全使用。

报告显示，检测机构于 2013 年 12 月深入居敬路 29 幢，对各住户居室情况进行检测，其中有结构性裂缝、隔墙与楼板脱开裂缝、砖受压碎裂、钢筋受力弯曲并锈蚀、楼体倾斜等情况，报告称"部分业主几经转手和装修，对房屋进行重新改造，承重墙拆除后没有补强处理"。

3. 调查结论

杭州市房屋安全鉴定所对倒塌房屋进行了技术鉴定，认为房屋倒塌是因为施工质量差。具体表现为：倒塌房屋砌筑砂浆粉化后强度接近零，砌筑方式不规范，墙体断砖较多，砖强度等级低，导致墙体承载力严重不足；钢筋混凝土构件中混凝土离析，蜂窝麻面，导致混凝土强度低；块石基础为干砌，不符合原设计要求。此外，地基长期浸泡在水中，使得地基承载力不足；底层南处纵墙少量拆改使房屋整体性降低，也是造成房屋倒塌的原因。

4. 反思与教训

浙江奉化居民楼倒塌事件发生后，住建部下发通知，在全国组织开展老楼危楼安全排查工作，检查范围主要是各级城市及县政府所在地建筑年代较长、建设标准较低、失修失养严重的居民住宅以及所有保障性住房和棚户区改造安置住房。

建筑物质量安全，尤其是老楼危楼的质量安全问题，成为全社会关注的焦点，也成为老百姓担心的重点。我国房屋是否安全的判定标准是什么？鉴定机构

如何依法按照标准开展鉴定工作？

房屋鉴定单位和计量单位对房屋危险性鉴定，必须根据实际情况独立进行，并将鉴定结果报送政府相关部门，同时向相关利益群体进行公示。

《危险房屋鉴定标准》（JGJ 125—2016）将房屋危险性鉴定划为 A、B、C、D 四个等级，其中 A 级无危险；B 级有危险但不影响使用；C 级危房是指部分承重结构承载力不能满足正常使用要求，局部出现险情，构成局部危房；而 D 级危房承重结构承载力已不能满足正常使用要求，房屋整体出现险情，构成整幢危房。

危房以幢为鉴定单位，按建筑面积进行计量，以整幢房屋的地基基础、结构构件危险程度的严重性鉴定为基础，结合历史状态、环境影响及发展趋势，全面分析，综合判断。在地基基础或结构构件发生危险的判断上，应考虑它们的危险是孤立的还是相关的。构件的危险是孤立的，则不构成结构系统的危险；构件的危险是相关的，则应联系结构的危险性判定其范围。

要保证危房鉴定结果的正确性，首先，鉴定单位必须熟悉结构设计规范，有实际设计经验，对房屋安全方面的分析更全面透彻、结论更真实。其次，鉴定报告必须全面、准确。很多鉴定报告内容均注明了"由于现场条件有限，未做××取样"，在数据缺乏的情况下，仅凭目测即得出了鉴定结论，这种报告本身是不可信的。因此，鉴定报告必须对各承重构件做足够多的取样、分析。最后，鉴定单位开展鉴定工作必须相对独立，不能被干扰。鉴定工作的委托方一般既是使用方、出资方也是受益方，要求鉴定结论满足己方的利益需要，常常干扰鉴定工作，导致鉴定结论虚假或错误。

九、事故纠纷

案例1　两公司财产损害纠纷案

1. 事件概况

（1）案件名称：A 有限公司与 B 集团有限公司财产损害纠纷案。

（2）鉴定范围：①对申请人厂区内的办公楼出现楼体裂缝、地面起鼓、墙面脱落，院内消防管道、雨水管道、喷泉的给水、给电不同程度的损坏与被申请人建设地铁某号线，××三路站经过原告厂区是否存在因果关系进行鉴定；②对申请人厂区内的办公楼出现楼体裂缝、地面起鼓、墙面脱落，院内消防管道、雨水管道、喷泉的给水、给电损坏维修费用进行鉴定。

2. 基本案情

本案司法鉴定申请人为原告 A 有限公司，其委托代理人为律师 A；被申请人为被告 B 集团有限公司，其委托代理人为律师 B 及其公司员工 C。原、被告发生纠纷房屋位于××市××区××三路。

鉴定申请书显示：被申请人修建的地铁某号线××三路站经过申请人厂区。2019 年 1 月被告在施工××三路站过程中，原告公司厂区内的办公楼出现楼体裂缝、地面起鼓、墙面脱落等不同程度的损坏，同时给排水管道也出现损坏，导致其污水管道堵塞，厂区内的积水无法正常排除。经当地住建局协调，被告亦认可的情况下，申请人委托某检测单位对厂区内的办公楼进行了安全性检测。2020 年 4 月 11 日，M 检测单位做出了《安全性鉴定报告》检测结论中记载：现场勘察显示，办公楼周围地坪、散水发现有明显的开裂、下沉、隆起等异常情况，墙体存在明显的开裂现象，部分墙体裂缝沿房屋纵向墙体呈正"八"字形斜向开裂，墙体开裂的部位主要在门窗洞口附近。主体结构存在明显的因不均匀沉降所导致的开裂、异常变形等现象。同时，M 检测单位提出的处理建议记载："对该楼基础进行加固处理；当地基基础加固完成后，对上部结构开裂墙体进行修复加固处理；对办公楼南侧室外地面的石材进行整修；具体加固方案设计及施工建议请有资质的第三方专业单位实施"。检测完毕后，N 特种工程有限公司对原告办公楼

加固工程制订了施工组织方案。方案显示，加固及维修工程所需总造价为 72 万多元。在庭审过程中，被申请人提出鉴定申请。

3. 鉴定过程

笔者所在机构于 2022 年 2 月 17 日接到某市中级人民法院委托，根据司法鉴定回避制度，笔者所在机构在该案中不存在需回避情形。2021 年 2 月 23 日，笔者所在机构接受委托。2022 年 2 月 24 日，笔者所在机构针对该案成立鉴定小组，制订了初步鉴定方案；2 月 28 日对涉案房屋现场进行了初勘；4 月 22 日收到申请人缴纳的鉴定费；4 月 25 日对现场进行了第一次正式勘验；4 月 27 日收到 P 区法院移交的案件相关各方当事人提供的补充资料及申请人修改后的鉴定申请书；5 月 10 日对现场进行了第二次正式勘验；5 月 24 日形成鉴定意见；6 月 13 日完成鉴定意见书编制。

（1）鉴定方法。

① 分析案卷资料、集中讨论案件情况。

② 现场勘验：对相关各方进行现场问询；对房屋基本情况进行调查；对涉案房屋裂缝情况进行测量、剔凿检查；对涉案房屋主要裂缝处当前基础情况进行检查；对涉案房屋位移情况进行测量；对涉案房屋主要承重结构实际施工情况进行复核；对涉案房屋室内外维修情况进行测量。

③ 对被申请人补充资料进行核查、分析。

④ 对申请人房屋建设资料进行核查、分析。

⑤ 综合分析涉案房屋情况，讨论形成鉴定意见。

⑥ 公司专家对鉴定过程、鉴定意见进行审核，完成鉴定意见书。

通过以上资料分析、现场勘验、小组讨论、专家审核等过程和方法，确保此次鉴定过程符合规定、鉴定方法科学合理、鉴定结果真实可信。

（2）勘验情况说明。

笔者所在机构 2022 年 4 月 25 日第一次现场勘验流程如下：①向案件申请人出示某市中级人民法院委托书；②根据案卷资料对参加勘验人员身份进行核实；③根据司法鉴定程序，对案件鉴定人进行介绍，相关各方均表示无回避需求；④宣读司法鉴定（风险）告知书，并由参加勘验人员完成签署；⑤与申请人核对申请鉴定内容；⑥对各方当事人进行现场问询；⑦对涉案房屋基本情况进行调查；⑧对涉案房屋墙面裂缝情况进行测量、剔凿检查；⑨对涉案房屋位移情况进行测量。

笔者所在机构2022年5月10日第二次现场勘验流程如下：①对涉案房屋主要裂缝处对应基础当前情况进行开挖检查；②对涉案房屋主要承重结构实际施工情况进行复核；③对涉案房屋相关构造情况进行复核；④对当事人进行补充问询；⑤对涉案房屋室内外维修情况进行测量。

在勘验过程中，申请人A有限公司均由其委托代理律师A及其公司工作人员参加；B公司由其委托代理律师B参加。

（3）现场问询情况。

A公司陈述：

① 涉案房屋于2013年交工使用。

② ××三路地铁站约2017年开工，超红线部分和Ⅱ号出入口于2019年1月开挖完成，不记得是啥时候封顶、啥时候回填的。

③ 地铁施工围挡时间有围挡协议（注：围挡协议最终未提供）。

④ 2019年1月，刚开始发现办公楼地板起鼓、墙面裂缝。房屋损害从发现开始到施工完成一直存在。

⑤ 发现损害后，2019~2022年都与项目部进行过沟通，2019年1月3日就超占红线和项目部微信沟通过，2019年1月22日给项目部发过沟通函，2020年6月12日住建局给B轨道公司函。各方协调后，确定M检测单位为鉴定机构，报告出结果后各方仍未达成一致。有无及时沟通以案卷资料为准。

⑥ 裂缝出现前，房屋全部正常使用。裂缝出现后，(1-1/2)/(A-C)轴即销售部出现墙面裂缝、地板起鼓，于2019年2月1日搬出，再未搬回；其他房屋一直正常使用。房屋从建好到现在一直都是办公楼，没有做过大的改动。

⑦ 二楼和一楼楼梯间维修过一次。

⑧ 靠车间的三层楼和办公楼是前后建设，独立基础；顶层是上一年加盖的。

⑨ 动工前规划局发征地文件，项目部书记过来沟通要用A公司场地事宜；未正式通知A方进行影像及完损情况采集。

⑩ 第一次鉴定（武汉公司）是2019年5月，项目部因该机构无进陕备案，所以要求重新鉴定，并推荐M检测单位。

⑪ 院内管道挖断区域位于项目部施工区域，施工期间挖断，项目部表示事后予以恢复。

⑫ 2021年6月对排污管道、喷泉用电、地面石材进行了修复，未告知被申请人。

⑬ 施工中，实际开挖范围有××三路站红线图，2017年12月5日和项目部签订临时租赁合同，有租赁场地，后有超挖A公司场地。

⑭ 楼后管沟近两天才开始施工(注：4月25日述)。

⑮ A公司广场地砖和路灯损坏及损坏原因，之前有提交的图片上有显示。

⑯ 住建局补发的征地函，88.4m²超红线。

⑰ 现在化粪池在②~③/A轴前面，变压器在楼后面；楼前挖断的是雨水管道；①轴外侧是消防和给水管道，消防和给水管道从门房出来沿①轴外墙外侧进入后院，管径和原设计一样；雨水排水方向和原来相反；污水出化粪池后采用螺纹管。

⑱ 桩基施工时，楼上振动得很厉害，没办法办公休息。

被申请人B陈述：

① ××三路站动工时间为2017年左右，2018年10月某路车站封顶。Ⅱ号出入口土方开挖具体时间记不清了，基坑支护采用的是围护桩+钢支撑。

② 降水措施为降水井，范围以图纸为准；降水井打下去后没有水，下面为沙层。在施工过程中，建设单位委托单独第三方进行监测。

③ Ⅱ号出入口基坑顶部回填时间为2020年10月左右，持续了1个多月，采用的素土回填(按图纸要求)，回填至市政要求高度，上部交市政接管。整个施工期间都有基坑监测。

④ 工程结束后才知道A公司厂区损害，施工过程中未提及。

⑤ 施工前有进行周边建筑调查，有书面资料。施工结束后，A公司找项目部沟通，隧道局认为A公司没什么损害。

⑥ 施工中实际开挖有红线图，施工范围以红线图为准，按图纸施工。

⑦ A公司院子中管线属于管线迁改，迁改工程属于项目部，恢复工程属于各主管单位，管线迁改有对应资料。施工前进行管线探查，在施工区域的管线都会确认产权单位。

⑧ 施工机械未进A公司院子。

⑨ 2020年1月2日函件的签收人为项目部安全总监。

⑩ A公司楼后进行开挖排水沟，有五六条沟槽，一个水池，较靠近基础。

(4) 现场检查、检测结果。

经现场检查：涉案房屋(A公司办公楼)为五层钢混结构，厂区主出入口朝向

偏西北方向，和××三路垂直布置；办公楼外墙距Ⅱ号出入口围墙为 5.4m；办公楼东南侧与车间中间建有四层钢结构建筑，为独立基础，与办公楼之间设有变形缝，变形缝宽度约 10cm。勘验时，涉案建筑仍作为办公楼在使用。

该案件涉及的相关工程图纸如图 9-1~图 9-3 所示。

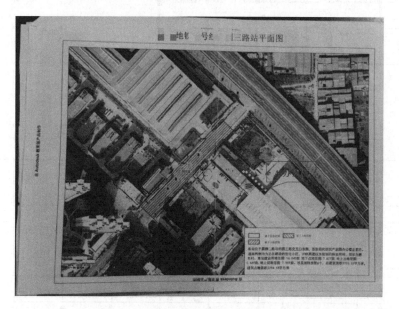

图 9-1　××三路站总平面布置图、红线图

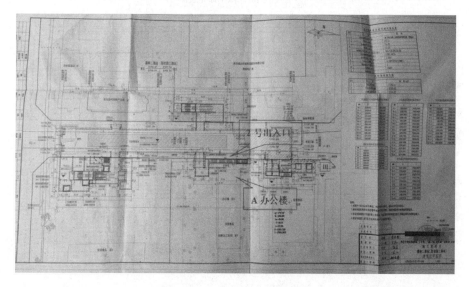

图 9-2　A办公楼平面布置图

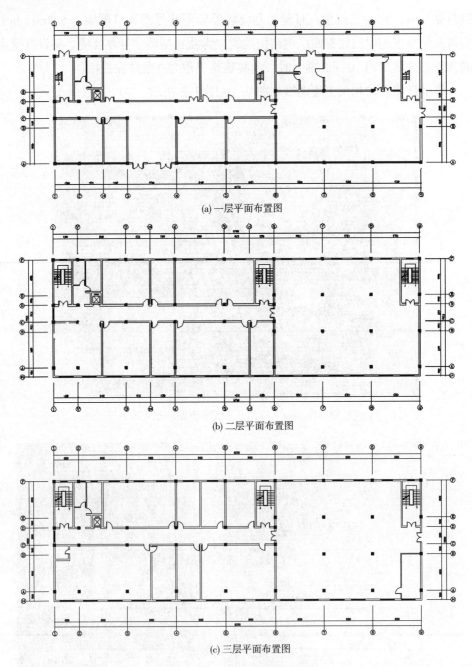

(a) 一层平面布置图

(b) 二层平面布置图

(c) 三层平面布置图

图 9-3　A 公司办公楼平面布置图

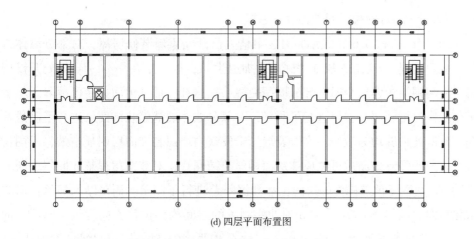

(d) 四层平面布置图

图 9-3　A 公司办公楼平面布置图(续)

注：本报告所附房屋建筑平面图为第一次勘验时测量，在本次鉴定的勘验过程中，申请人正在
　　对房屋进行改造，对部分砌体填充墙进行拆除或增加，在四层、五层房间内增加卫生间。

涉案房屋总长度为 62.7m，总宽度为 19.5m，总高度为 19.2m，1 层层高为
4.2m，2、3 层层高均为 3.9m，4、5 层层高均为 3.6m；钢筋混凝土独立基础；
上部结构主要承重构件为钢梁、钢柱，其中 1~3 层钢柱截面尺寸为 350mm×
350mm，4~5 层钢柱截面尺寸为 300mm×300mm；主要裂缝出现的 1/(A-C)轴范
围，钢梁截面尺寸为 450mm×240mm；1/(A-C)轴处基础梁截面尺寸为 550mm×
300mm，1/(C-D)轴处基础梁截面尺寸为 500mm×300mm；围护结构为混凝土顶
板、砌体填充墙。检查中，未发现主体结构中主要承重构件被移动或拆除的情
况，未发现钢结构构件或连接件有裂缝或锐角切口，未发现焊缝或螺栓有拉开、
变形等严重损坏，未发现屋面结构有明显损害。

涉案房屋，外墙面装饰面层为真石漆，笔者所在机构 2022 年 2 月 28 日初勘
时发现：内墙墙面除一层门厅为石材饰面外，其余均为普通乳胶漆；楼地面除二
层(1-1/2)/(A-C)轴无地砖外，其余均为地砖面层；室内天棚均有吊顶；办公
楼北侧①~③轴范围内横墙竖向裂缝较多；4~5 层除①~③轴墙面外，其余门窗
洞口两侧斜裂缝和钢柱两侧竖向裂缝比较普遍；裂缝整体分布呈现从①~⑨轴逐
渐减少态势。

①~③轴范围内楼地面起鼓较严重，一层(1-1/2)/(A-C)轴(销售部)地面
存在明显起鼓、塌陷、起伏不平现象；一层①~②轴处楼梯间地面面砖与其他地
面存在明显色差；二层走道北侧①~③轴处部分地面面砖空鼓、脱落；4 层、5

层(1-2)/(C-D)轴楼梯间地面存在起鼓。

2022年4月25日正式勘验时,申请人已开始重新装修房屋,对部分墙体进行了拆除改建:4层、5层在房间内增加卫生间;1~3层在9/(C-D)轴处开设门洞与南侧钢结构建筑相通,部分墙面裂缝已被修补,部分地面面砖已拆除。笔者所在机构对可测部分裂缝进行了测量,对部分墙体裂缝处装饰面层进行了破凿检查。破凿处裂缝均为填充墙砌体裂缝,未发现内墙面装饰面层明显空鼓,不同材料交接处的裂缝破凿后可见原抹灰面钢丝拉结网片;对涉案房屋整体倾斜、西北侧①~③轴主要承重构件的层间位移和沉降差进行了测量。测量结果显示:房屋东北角向西倾斜29mm;①~③轴处所测得的层间构件位移方向均偏向向西、向北方向(测量情况见表9-1~表9-3)。办公楼西侧(A轴外侧)和北侧(①轴外侧)室外地面勘验时基本完好,A轴外西北侧部分地面砖约60m²与西南侧地面砖存在明显色差;办公楼东侧(F轴外侧)正在开挖排水管沟,深0.5m,宽0.4m,长3m左右。

表9-1 砌体裂缝检查、测量情况

序号	轴线位置	检查结果
1	5层1/C墙角	墙角存在一道长约1m、宽约2mm的竖向裂缝
2	5层1/A-C墙体	墙体存在一道长约3m、宽约3mm的竖向裂缝
3	5层2/C墙体	墙体存在一道长约0.9m、宽约1.5mm的竖向裂缝
4	5层(1/3-3)/C墙体	墙体存在两道长约1.0m、宽约0.5mm的竖向裂缝
5	5层3/C墙体	墙体存在两道长约1.2m、宽约2.0mm的竖向裂缝
6	5层(1/4-4)/C墙体	墙体存在一道长约0.4m、宽约2mm的斜向裂缝
7	5层4/C墙体	墙体存在一道长约0.4m、宽约2mm的斜向裂缝
8	5层(1/5-5)/C墙体	墙体存在一道长约0.5m、宽约2mm的竖向裂缝
9	5层(1/5)/C墙体	墙体存在一道长2.5m、宽约2mm的斜向裂缝
10	5层5/C墙体	墙体存在一道长约2.5m、宽约2mm的竖向裂缝
11	5层6/C墙体	墙体存在一道长约2.5m、宽约2mm的竖向裂缝
12	5层(1/7)/C墙体	墙体存在一道长0.5m、宽约1.5mm的竖向裂缝
13	5层7/C墙体	墙体存在一道长约0.5m、宽约1.5mm的竖向裂缝
14	5层(8-1/9)/C墙体	墙体存在一道长约0.5m、宽约2mm的斜向裂缝
15	5层8/D墙体	墙体存在一道长约1m、宽约1mm的竖向裂缝

续表

序号	轴线位置	检查结果
16	5 层(1/8-7)/D 墙体	墙体存在一道长约 1m、宽约 1mm 的斜向裂缝
17	5 层(1/6)/D 墙体	墙体存在一道长约 1m、宽约 0.5mm 的竖向裂缝
18	5 层(1/5-5)/D 墙体	墙体存在一道长约 0.8m、宽约 0.25mm 的斜向裂缝
19	5 层 3/D 墙体	墙体存在一道长约 1.2m、宽 0.5mm 的竖向裂缝
20	5 层 2/D 墙体	墙体存在一道长约 1.2m、宽约 1.0mm 的竖向裂缝
21	5 层 1/D-F 墙体	墙体存在二道长约 2.5m、宽约 1.5mm 的竖向裂缝
22	4 层 2/D 墙体	墙体存在一道长约 1.2m、宽约 1mm 的斜向裂缝
23	4 层 2/C 墙体	墙体存在一道长约 1.2m、宽约 1mm 的斜向裂缝
24	4 层 1/A-C 墙体	墙体存在一道长约 2.8m、宽约 2mm 的竖向裂缝
25	4 层 2/A-C 墙体	墙体存在一道长约 1.4m、宽约 2mm 的竖向裂缝
26	4 层 3/C 墙体	墙体存在一道长约 2.5m、宽约 1.5mm 的竖向裂缝
27	4 层 3/D 墙体	墙体存在一道长约 2.8m、宽约 1.5mm 的竖向裂缝
28	4 层 3-4/D 墙体	墙体存在一道长约 1.2m、宽约 1mm 的竖向裂缝
29	4 层 3-4/F 墙体	墙体存在一道长约 0.5m、宽约 1mm 的斜向裂缝
30	4 层(1/4)/D-F 墙体	墙体存在一道长约 1.8m、宽约 2mm 的竖向裂缝
31	4 层 4/D 墙体	墙体存在一道长约 1.2m、宽约 1mm 的斜向裂缝
32	4 层 4/C 墙体	墙体存在一道长约 2m、宽约 1.5mm 的竖向裂缝
33	4 层 5/D 墙体	墙体存在一道长约 2.5m、宽约 1.5mm 的竖向裂缝
34	4 层 5/C 墙体	墙体存在一道长约 2.5m、宽约 1.5mm 的竖向裂缝
35	4 层(1/5)/A-C 墙体	墙体存在两道长约 2.2m、宽约 0.5mm 的竖向裂缝
36	<u>4 层(1/6)/A-C 墙体</u>	<u>墙体存在一道长约 2.8m、宽约 2mm 的竖向裂缝</u>
37	4 层 6/C 墙体	墙体存在一道长约 2m、宽约 1.5mm 的竖向裂缝
38	4 层(6-7)/D 墙体	墙体存在一道长约 1.2m、宽约 1.5mm 的竖向裂缝
39	4 层(6-7)/C 墙体	墙体存在一道长约 1.2m、宽约 0.75mm 的竖向裂缝
40	4 层(1/6)/D-F 墙体	墙体存在一道长约 3m、宽约 0.5mm 的斜向裂缝
41	1 层 1/A-C 墙体	墙体存在两道长约 2.5m、宽约 1mm 的竖向裂缝
42	<u>1 层(1/3)/A-C 墙体</u>	<u>墙体存在一道长约 3m、宽约 2mm 的竖向裂缝</u>
43	<u>1 层 3/A-C 墙体</u>	墙体存在一道长约 3m、宽约 0.5mm 的竖向裂缝
44	<u>1 层 1/D-F 墙体</u>	墙体存在一道长约 3.5m、宽约 1mm 的斜向裂缝

注：加下划线字体为与申请人前次鉴定中位置、宽度相同裂缝。

表 9-2   位移测量记录

构件名称及位置	测斜高度/m	位移量/mm	倾斜方向
一层柱 1/A	3.201	12	外侧方向
一层柱 1/C	3.372	3	1 轴外侧方向
一层柱 2/A	3.400	1	1/A 轴方向
一层柱 2/C	3.260	3	A 轴方向
四层柱 2/A	2.770	6	1/A 轴方向
五层柱 1/A	2.910	6	外侧方向
五层柱 2/A	2.920	3	1/A 轴方向
顶点位移 1/F	17.160	29	1/A 轴方向

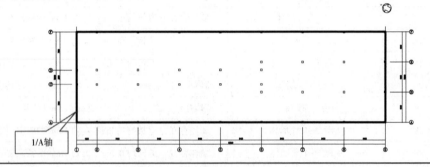

注：以上测量结果均包含施工误差。

表 9-3   构件沉降差测量记录

构件名称及位置	沉降差/mm	测量长度/mm	变形值	允许值	沉降方向
一层梁(1-2)/A	3	3850	0.00078	0.002	1 轴方向
一层梁 2/(A-C)	8	7250	0.0011	0.002	A 轴方向
一层梁(7-8)/B	3	8400	0.0004	0.002	7 轴方向
A 轴	22	62700	0.00035	—	1 轴方向
F 轴	13	62700	0.00021	—	1 轴方向

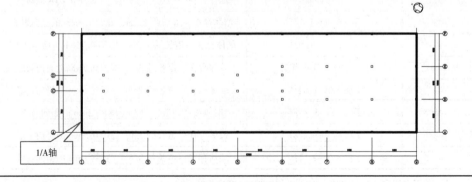

注：以上测量结果均包含施工误差，变形允许值参考《建筑地基基础设计规范》（GB 50007—2011）。

2022 年 5 月 10 日第二次勘验时，笔者所在机构对办公楼构造措施进行了核查。办公楼较长横墙中部设有构造柱，构造柱和钢柱与砌体填充墙连接处设有拉结钢筋。对①~③轴范围内部分墙面裂缝较严重部位对应的基础位置进行了开挖检查，检查发现：①轴外侧回填土含水量明显偏高，钢筋混凝土基础底梁外观质量完好，底层墙体裂缝均未延续至基础梁或地圈梁，未发现±0.000 以下结构裂缝；楼前室外部分正在进行修整；办公楼污水管道从厂区西北侧大门向外排至市政管网，管径 DN300；给水管道和消防管道由门房内水表井通过办公楼西北侧过道直埋至楼后，管径分别为 DN200 和 DN300；雨水管道从大门前自西向东排入厂区西侧小区，管径为 DN300、DN400；喷泉给水管自雨水井中穿过；厂区内混凝土道路路面存在切割修补痕迹。

申请人称一层楼梯间地面和室外部分损害在地铁完工后已进行过维修，时下为再次施工。

涉案房屋现场检查、测量情况如图 9-4 所示。

(1)涉案房屋①~⑨立面 1

(2)涉案房屋①~⑨立面 2

(3)涉案房屋⑨~①立面 1

(4)涉案房屋⑨~①立面 2

图 9-4　涉案房屋现场检查、测量情况

(5)涉案房屋 F~A 立面　　　　　　　(6)厂区现大门

(7)办公楼屋面未发现明显损害

(8)从 A 办公楼窗口看到的纺园三路　　(9)办公楼东南侧钢结构建筑

(10)办公楼东南侧建筑底层结构　　(11)办公楼东南侧建筑钢结构加层

图 9-4　涉案房屋现场检查、测量情况(续)

（12）办公楼与东南侧三层钢结构
建筑相接处

（13）办公楼与东南侧三层钢结构
建筑之间的变形缝

（14）办公楼主要出入口门厅石材墙面

（15）其他房间乳胶漆墙面

（16）一层⑥~⑨轴钢梁、钢柱

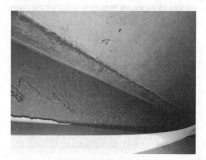

（17）五层结构（四层顶）1/（A-C）轴钢梁

图9-4　涉案房屋现场检查、测量情况（续）

（18）使用钢筋扫描仪对砌体填充墙构造柱位置进行检测

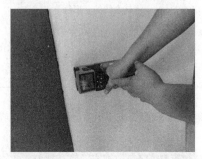

（19）使用钢筋扫描仪对柱两侧拉结筋进行检测

（20）砌体填充墙中部构造柱处拉结筋检测　　　（21）五层楼梯间填充墙中部梁位置检测

（22）钢柱拉结筋　　　　　　　　　　（23）构造柱拉结筋

图 9-4　涉案房屋现场检查、测量情况（续）

（24）裂缝处原墙面抹灰层拉结网片

（25）对①轴基梁开挖进行检查、测量，
外侧回填土含水率明显较高

（26）对①轴基梁开挖进行检查、测量，
梁体未见明显损害

（27）对基梁尺寸进行复核

（28）勘验过程中办公楼开始进行装修

图9-4　涉案房屋现场检查、测量情况（续）

(29)四、五层室内增加卫生间

(30)部分墙面裂缝已维修

(31)一层(1-1/2)/(C-D)轴地砖空鼓、脱落

(32)一层①~②轴处楼梯间地砖与其他
相邻房间色差情况

(33)二层(1-1/2)/(C-D)轴
地砖空鼓

(34)二层(1-1/2)/(A-C)轴地砖已拆除

(35)五层①~②轴处楼梯间地砖空鼓

图9-4　涉案房屋现场检查、测量情况(续)

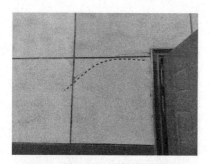

（36）一层(1-2)/F轴处外墙裂缝

（37）一层(1-2)/(C-D)轴处吊顶裂缝

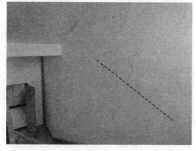

（38）一层北侧楼梯间1/(D-F)墙面裂缝

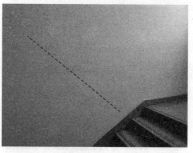

（39）二层北侧楼梯间1/(D-F)墙面裂缝

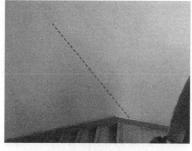

（40）三层北侧楼梯间1/(D-F)墙面裂缝

（41）四层北侧楼梯间1/(D-F)墙面裂缝

（42）五层北侧楼梯间(1-2)/F轴墙面裂缝

（43）五层1/(D-F)墙面裂缝

图9-4　涉案房屋现场检查、测量情况(续)

 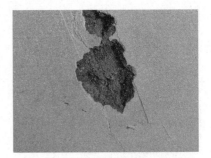

(44)五层 1/(D-F)墙面裂缝

(45)五层北侧过道 1/C 轴处墙面裂缝　　　　(46)五层 1/(A-C)轴墙面裂缝

(47)五层 2/C 轴钢柱与砌体填充墙交接处　　(48)五层(2/3)/C 轴砌体填充墙裂缝
　　裂缝(砌体裂缝,有拉结网)

(49)五层 3/C 轴砌体填充墙裂缝　　　　(50)五层(1/4)/C 轴砌体填充墙裂缝

图 9-4　涉案房屋现场检查、测量情况(续)

（51）五层 4/C 轴砌体填充墙裂缝

（52）五层(1/5)/C 轴砌体填充墙裂缝

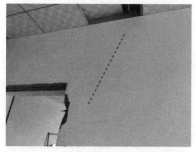

（53）五层(1/5)/D 轴门洞口斜裂缝

（54）五层(1-2)/D 轴门洞口斜裂缝

（55）五层门洞口斜裂缝 1(初勘时拍摄)

（56）五层门洞口斜裂缝 2(初勘时拍摄)

（57）五层门洞口斜裂缝 3(初勘时拍摄)

（58）五层门洞口斜裂缝 4(初勘时拍摄)

图 9-4　涉案房屋现场检查、测量情况(续)

(59) 四层 1/(A–C)轴填充墙裂缝

(60) 四层 2/(A–C)轴填充墙裂缝

(61) 四层 4/C 轴填充墙裂缝

(62) 四层(1/6)/(A–B)轴填充墙裂缝

(63) 四层(1/6)/(A–B)轴填充墙裂缝

(64) 四层 6/C 轴填充墙裂缝

(65) 四层(1/7)/D 轴填充墙裂缝

(66) 四层(1/7)/C 轴填充墙裂缝

图 9-4　涉案房屋现场检查、测量情况(续)

（67）一层 3/（A-C）轴墙面裂缝

（68）一层（1/3）/（A-C）轴填充墙裂缝

（69）一层（1/3）/（A-C）轴墙面裂缝

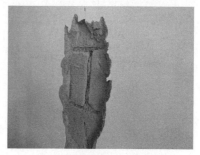

（70）砌体填充墙裂缝，未延续至地圈梁

（71）一层 1/（A-C）轴墙面裂缝 1

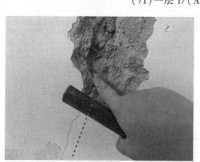

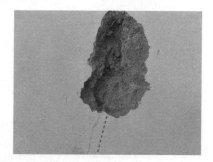

（72）一层 1/（A-C）轴墙面裂缝 2

图 9-4　涉案房屋现场检查、测量情况（续）

（73）A 轴外广场情况（第一次勘验时）

（74）①轴外侧与地铁 2 号出入口之间通道　　（75）A 轴外西北侧部分地面砖色差明显

（76）F 轴外侧地铁站 2 号风井

（77）办公楼东侧 F 轴外现开挖排水沟、井

图 9-4　涉案房屋现场检查、测量情况（续）

(78)市政污水井

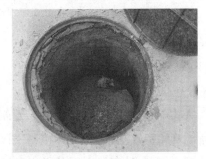

(79)院内化粪池后污水井

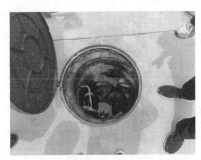

(80)院内喷泉前雨水井　　　　　　　　(81)院内喷泉后雨水井

(82)雨水管道通过厂区路面到西侧小区处　　　(83)西侧小区雨水井处

图9-4　涉案房屋现场检查、测量情况(续)

(84)门房内消防井、给水井

图9-4　涉案房屋现场检查、测量情况(续)

4. 鉴定分析

(1)因果关系分析。

A公司提供的补充资料显示:

① A办公楼于2011年5月由某建筑设计有限公司设计，施工蓝图上盖有某市房屋建筑和市政基础设施建设施工图设计审查专用章，审图单位为某设计研究院。其中±0.000对应绝对标高为412.4m，基坑开挖深度为-5.10m(绝对标高407.30m)，将③₃层粗沙全部挖除后，级配沙石分层碾压至-4.80m(对应绝对标高407.60m，即级配沙石0.3m厚)，然后素土回填到-3.6m(对应绝对标高408.80m，即素土1.2m厚)，最后用3:7灰土分层回填至-2.60m(对应绝对标高411.40m，即3:7灰土1.0m厚)，素土和沙石垫层的压实系数不小于0.95，灰土的压实系数不小于0.97，地基承载力不小于200kPa；西、北方向基坑外放尺寸分别为2950mm、2350mm；钢筋混凝土独立基础为二阶放大脚，每阶高300mm，第一阶宽600mm，第二阶宽300mm，放大脚最外侧尺寸为轴线外1230mm；1/(A-C)轴基梁尺寸为550mm×300mm，1/(C-D)轴基梁尺寸为550mm×300mm。上部结构一层层高为4.2m，二、三层层高为3.9m，四、五层层高为3.6m；各层主梁高400mm/450mm，次梁高250~450mm；钢柱为焊接箱形柱，1~3层截面尺寸为350mm×350mm×14mm×14mm，4~5截面尺寸为300mm×300mm×14mm×14mm；构造柱为钢筋混凝土，截面尺寸为240mm×240mm；较长的砌体填充墙长度分别为6550mm、8050mm、7950mm、7140mm，±0.00以上设计为非承重空心砖、M7.5混合砂浆。

② 厂区配电设备位于办公楼东侧；给水管道从××三路市政接入，主水表井位于厂区西北大门入口处，管道绕行办公楼南侧从办公楼东侧进入楼内；办公楼

内排水从楼东侧排出后绕行楼南侧进入西侧化粪池，然后从西北大门排出进入市政管网；雨水管网从西北大门排出进入市政管网；热力管网从东北侧市政管网沿办公楼东侧进入楼内。

③ 2010 年 10 月，M 检测单位出具的《A 有限公司新厂区厂房及办公楼项目岩土工程勘察报告》第 5 页 2.4 "勘探深度范围内未见地下水"，附录编号 2 中办公楼西侧广场探井标号为 88、89、90、108、109、110。从附录编号 3、4、5 探井剖面中可见，绝对标高 405～407m 处（自然地坪下 3～5m、相对标高-5～-7m）即为办公楼持力层圆砾③，绝对标高 400m 左右（自然地坪下 10m 左右）为卵石④。

④ 涉案房屋施工单位为某建筑工程有限公司，监理单位为 P 管理有限公司。2011 年 7 月 1 日 Q 勘察设计研究院出具《A 有限公司保健纳豆及中西点生产线项目办公楼地基检测报告》，报告盖有某省建设工程质量安全监督总站检测报告备案专用章（备案号为 2011 年 193 号），检测结论为"本工程垫层地基承载力特征值不小于 200kPa，满足设计要求；本工程灰土垫层压实系数满足不小于 0.97 的设计要求；建议加强防水措施"。质量验收资料中相关土方开挖、土方回填、砌体填充墙等分项工程质量验收记录表均有监理工程师签字，地基基础分部、主体工程分部仅有总监理工程师签字，未加盖监理公司公章，无设计、勘察单位签字、盖章；未见到 A 公司办公楼沉降观测记录。

笔者所在机构在勘验过程中，对涉案房屋进行了调查、复核，未发现改造前上部结构主要承重构件有不符合 2011 年 5 月某建筑设计有限公司设计的 A 公司办公楼施工蓝图的情况；未发现改造前结构荷载有明显的加大情况；未发现钢结构构件或连接件有裂缝或锐角切口；未发现焊缝或螺栓有拉开、变形等严重损坏；办公楼较长横墙中部设有构造柱，构造柱和钢柱与砌体填充墙连接处设有拉结钢筋；基础梁混凝土外观质量完好，开挖检查的基梁尺寸与设计相符；底层墙体裂缝均未延续至基础梁或地圈梁，未发现±0.000 以下结构裂缝。A 办公楼北侧①～③轴范围内横墙竖向裂缝较多；4～5 层除①～③轴墙面外，其余门窗洞口两侧斜裂缝和钢柱两侧竖向裂缝亦比较普遍；裂缝整体分布从①轴至⑨轴逐渐减少。未发现内墙面装饰层明显空鼓，墙体破凿检查处裂缝均为填充墙砌体裂缝，不同材料交接处的裂缝破凿后可见原抹灰面钢丝拉结网片；涉案房屋东北角向西倾斜 29mm；①～③轴处所测得的构件位移方向均偏向西、北方向。①～③轴范

围内楼地面空鼓较严重，一层(1-1/2)/(A-C)轴(销售部)地面存在明显空鼓、塌陷现象，一层①~②轴处楼梯间地面面砖与其他地面存在明显色差，二层走道北侧①~③轴处部分地面面砖空鼓、脱落，4层、5层(1-2)/(C-D)轴楼梯间地面存在空鼓。

(2) 地铁××三路站Ⅱ号出入口相关情况。

① 相对位置情况：2018年11月隧道局报审并经监理审核同意的《××三路站附属结构1号风亭、Ⅰ号出入口、Ⅱ号出入口围护结构施工方案》第5页工程概况中对邻近建筑物情况的描述为：Ⅱ号出入口、2号风亭和消防疏散出入口设置于车站的东南象限，位于A厂地块内；由于道路红线和A公司5层办公楼距离约9m，Ⅱ号出入口暂按临时出入口设置，需拆除A厂门卫房；A公司5层办公楼为独立基础，基坑围护桩与基础最小距离处净距为2.9m。该描述与地铁××三路站结构工程附属结构Ⅱ号出入口图纸结构设计总说明中相关内容描述一致。

该施工方案第13页第四章施工技术方案4.2"钻孔灌注桩施工过程中考虑外放10cm，防止因施工误差导致结构净空偏差"。图4-02××三路站Ⅱ号出入口钻孔灌注桩平面图显示离办公楼较近的桩序号应为Z27~Z52。围护桩施工外放后，与A办公楼基础最小净距为2.8m。

② 管线情况：2017年3月监理批准的《某号线一期工程土建03标周边环境调查报告》中显示了××三路站基坑结构外边线两侧30m范围内建筑物、桥梁、地下管线情况。报告中对A公司办公楼及厂房使用现状描述为"正常使用"，对于A门卫室内DN150给水管描述为"迁移"。

2018年11月，隧道局报审并经监理审核同意的《××三路站附属结构1号风亭、Ⅰ号出入口、Ⅱ号出入口围护结构施工方案》第二章工程概况中对地下管线描述为：施工地块位于A公司地块内，资料暂不明确，但施工单位已与产权单位沟通协调好施工前所有管线改迁。该描述与地铁某号线××三路站结构工程附属结构Ⅱ号出入口图纸结构设计总说明中该部分内容描述一致。方案第8页显示，Ⅱ号出入口位置有东西走向二级网供水管道DE200给水管一条、热力管两条、雨水管等三条，对影响结构施工的管线采用长久改移或临时改移，迁出结构范围。

③ 施工机械、施工方法情况：2018年11月，隧道局报审并经监理审核同意的《××三路站附属结构1号风亭、Ⅰ号出入口、Ⅱ号出入口围护结构施工方案》第6~8页：基坑开挖最大深度为11.855m(底标高为400.535m)，顶板最大覆土

厚度为6.45m；Ⅱ号出入口采用明挖顺筑法施工；根据2013~2014年车站初勘、详勘、补勘记录，稳定地下水位为386.7~390.66m，2-10卵石层底部存在上层滞水（2-10卵石层底部标高为198.18~401.96m）。第9页表3.01显示：围护桩进度计划2018年11月22日设备、人员进场，2018年11月23日~26日施工，灌注桩每天施工6根。使用机械有旋挖钻机SWDM220、汽车吊25t、泥浆泵DN100-20、液压破碎锤SAGA200、混凝土汽车泵SY5290THB……第13页显示：Ⅱ号出入口基坑采用Φ800钻孔灌注桩，共53根，均采用泥浆护壁成孔；施工过程中考虑外放10cm，分批跳孔间隔施工，每间隔两孔施作A型桩15.74m 38根、B型桩17.84m 4根、C型桩10.79m 5根、D型桩8.09m 3根，探沟2m深，钢护筒埋深3m……

地铁某号线一期工程土建TJSG3标××三路站2018年12月1日~4日施工日志记录"因重污染天气未施工"，12月5日施工日志记录"Ⅱ号出入口围护桩施工3根，累计10根，C35水下混凝土试件取样6组"；2018年12月25日施工日志记录"Ⅱ号出入口钻孔桩施工1根，累计53根"；2018年12月26日施工日志记录"Ⅱ号出入口钻孔桩完成"；2019年1月24日施工日志记录"Ⅱ号出入口冠梁混凝土浇筑完成"；2019年2月28日施工日志记录"Ⅱ号出入口土方开挖"；2019年3月18日施工日志记录"Ⅱ号出入口挖机清底、浇筑垫层"；2019年4月24日施工日志记录"Ⅱ号出入口顶板浇筑完成"。土方开挖记录表中记录"2019年2月28日开始，2019年3月14日结束"，土方回填记录表中记录"第一层回填2019年12月13日，第28层回填2019年12月16日"。2018年12月5日~18日的施工日志中试验情况记录均显示C35水下混凝土试件取样。

补充资料中，R勘察设计院集团有限公司线测绘项目部2018年12月出具Ⅱ号出入口监测方案图片显示：吊车在A公司院内进行吊装作业，吊车边为路灯；钻机距离A公司办公楼临××三路侧外墙2~3m；施工围挡范围与案卷内A公司提交的照片相一致。

④监测情况：2018年12月，R勘察设计院集团有限公司线测绘项目部出具《某市地铁某号线一期工程土建TJSG3标××三路站附属（Ⅱ号出入口）监测方案》中描述××三路站附属结构"监测等级为一级"，测点布置方法："长、短边中点，阳角处，间距不大于20m，每边监测点数不少于3个""在施工前对所要巡视的建（构）筑物做前期调查。前期调查的重点是建筑物现状，有无裂缝、剥落状

况……有裂缝的地方做好标识"。

某市地铁某号线一期工程土建 TJSG3 标××三路站监测月报资料显示，2018 年 2 月 22 日对办公楼(J20~J25)进行了初始监测；2018 年 12 月 25 日监测结果显示，累计最大变形点号为 J20(A 办公楼 1/A 处)；2020 年 6 月 12 日检测总结报告显示，停测时间为 2019 年 8 月 15 日。

在此次鉴定过程中，被申请人提供的Ⅱ号出入口监测方案编制日期为 2018 年 12 月，围护桩施工过程为 2018 年 11 月~2019 年 1 月。补充资料提供了围护桩施工过程(2018 年 11 月~2019 年 1 月)和土方开挖施工过程(2019 年 2~3 月)的 A 办公楼建筑物沉降观测记录。监测总结显示，末期监测时间为 2019 年 8 月 15 日。未见围护桩施工过程和土方开挖施工过程中周期性的Ⅱ号出入口的桩体位移、土体侧向变形的监测记录以及回填土施工期间对 A 办公楼的沉降监测记录；未见Ⅱ号出入口施工过程中建筑主体结构损坏监测记录。

(3) 因果关系综合分析。

① 根据《民用建筑可靠性鉴定标准》(GB 50292—2015)附录 H，受地下工程影响的建筑安全性鉴定"H.0.1 基坑或沟渠工程施工对建筑安全影响的区域，可根据基坑或沟渠侧边距建筑基础底面侧边的最近水平距离 B 与垂直距离基坑或沟渠底面距建筑基础底面垂直距离 H 的比值划分为两类：Ⅱ类影响区的 $B/H \leqslant 1$"。本案中，A 办公楼基础与基坑 $B/H = 2.9/6.755 = 0.43$，为Ⅱ类影响区。《民用建筑可靠性鉴定标准》(GB 50292—2015)附录 H 还规定，"H.0.4 当建筑基础处于Ⅱ类影响区范围时，建筑结构安全鉴定应考虑邻近地下工程的影响，并应对建筑主体结构损坏及变形和地下隧道、基坑支护或沟渠结构的变形进行检测"。

参考《工程建设对既有建(构)筑物安全影响评估标准》(DBJ/T 50-342—2019)中 4.2.1：A 办公楼为次要建筑，Ⅱ号车站开挖深度>11m，为一级基坑，基坑对既有建筑(A 办公楼)的影响为Ⅳ级。4.2.4：基坑围护桩距办公楼基础最近处为 2.9m，桩径 800mm，$L/D = 3.6$，对既有建筑(A 办公楼)的影响为Ⅱ级。"3.1.2 Ⅱ级，影响可控，有进一步完善安全影响控制措施的必要，应监控测量。Ⅳ级，影响极大，必须采取有效措施，将安全等级降到Ⅲ级或Ⅳ级以下……"因此，涉案房屋 A 公司办公楼受西安地铁某号线一期工程土建 TJSG3 标××三路站附属(Ⅱ号出入口)基坑开挖和围护桩施工影响较大，施工过程中应对建筑主体结构损坏及变形进行测量。

通过对双方施工资料进行复核，地铁施工前对周边环境调查显示"A办公楼正常使用"，未见施工前显示A公司办公楼存在裂缝等损害的调查记录；2018年11月，该地铁站附属结构Ⅱ号出入口围护桩开始施工；2019年4月，A公司即委托鉴定机构对房屋进行了第一次鉴定。

问询过程中，A公司员工反映桩基施工时办公楼振动较大。

勘验过程中，笔者所在机构现场勘验测量的房屋裂缝形式以不均匀沉降裂缝为主，房屋位移以及上部主要承重构件的沉降差有明显的趋向性，即偏移方向为房屋西北角方向(Ⅱ号出入口基坑方向)。

根据A办公楼倾斜趋势及裂缝测量情况、双方提供过往影像资料，综合考虑A公司办公楼自有构造措施、场地地质情况、××三路站附属结构Ⅱ号出入口与A办公楼相对位置情况、基坑深度、桩基长度、施工方案、施工时间、监测情况、案卷及补充资料等情况，认为：A公司办公楼房屋损害与地铁施工存在因果关系。

② 经现场勘验，比对现状、图纸、案卷资料、补充资料，地铁某号线××三路站附属结构Ⅱ号出入口南北向进入A厂区14.7m，东西向进入A厂区12m(另应考虑冠梁施工沟槽开挖工作面、围挡距离等)。A公司厂区内雨水管道距围墙11.1m，原给水和消防管道自大门口进入，认为：地铁某号线××三路站附属结构Ⅱ号出入口施工与A厂区内给水、消防、地砖、雨水等损害存在因果关系。

(4) 维修费用分析。

① 办公楼费用维修。笔者所在机构在此次鉴定的现场勘验过程中，未发现钢结构主要构件存在明显缺陷；对建筑物整体倾斜、位移情况，部分钢柱的层间位移以及部分主要承重钢梁的梁端标高差进行了测量。通过对现场测量情况，A办公楼房屋顶点最大位移为29mm；办公楼①～③轴靠近地铁Ⅱ号出入口所测钢柱层间最大位移为12mm，根据《民用建筑可靠性鉴定标准》(GB 50292—2015)中7.3.10不适于承载的侧向位移等评定"顶点位移Cu级或Du级>H_i/200，层间位移Cu级或Du级>H_i/150"以及《地基基础设计规范》5.3.4建筑物的地基允许变形值"相邻主机Hg≤24m时建筑物的整体倾斜允许值0.004"，A办公楼整体变形基本满足规范要求；对部分钢结构柱相对应梁两端标高差进行测量，测量结果显示，上部结构的沉降差符合规范要求；通过对上部砌体填充墙测得的裂缝情况，对比案卷资料中A公司所提供2020年《房屋安全鉴定报告》，两次测得的同位置

裂缝宽度、长度未发生明显变化，即检测时墙体处于相对稳定状态；对基础梁开挖检查，未发现基础梁及短柱结构有明显损坏、裂缝。根据《民用建筑可靠性鉴定标准》（GB 50292—2015）"7.2.3 当地基基础的安全性按地基变形观测资料或其上部结构反映的检查结果评定时：B_u 级，不均匀沉降不大于现行国家标准"《建筑地基基础设计规范》（GB 50007—2011）规定的允许沉降差；且连续两个月地基沉降量小于每月 2mm；建筑物的上部结构虽有轻微裂缝，但无发展迹象"，因此，在原设计荷载作用下地基暂不做处理。如果进行改造，则应加强监测。

依据《房屋裂缝检测与处理技术规程》（CECS 293—2011）"5.2.6 砌体结构构件裂缝处理的宽度限值宜处理裂缝宽度 1.5~5mm、不须处理的裂缝宽度 <1.5mm""5.3.4 砌体结构构件裂缝修补，可选用裂缝表面封闭法或压力注浆法"，对<1.5mm 的裂缝铲除裂缝位置饰面层，然后挂拉结网刷乳胶漆；对于宽度 1.5~5mm 的裂缝铲除裂缝位置饰面层，采用修补胶液进行表面封闭外加拉结网片进行处理后重新抹灰、刷乳胶漆。

办公楼①~③轴范围内地砖起鼓较多，一层销售部地面存在起伏不平，①轴外侧开挖后回填土含水量较高，建议对销售部房心回填土和①轴外侧回填土开挖后重新回填，对起鼓部分地砖拆除重新铺装。

② 室外工程维修费。根据现场勘验及资料分析情况，对办公楼西南侧部分地砖重新铺装，对雨水管道重新施工，对应位置给水、消防管道重新安装（见图 9-5），路灯线路重新埋设。

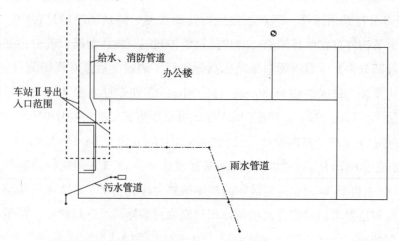

图 9-5　A 办公楼西侧（A 轴外）维修后的室外管网平面布置示意图

根据以上维修方案计算的维修费为：456258.25 元（大写：肆拾伍万陆仟贰佰伍拾捌元贰角伍分）

结合案件实际情况，通过对案卷相关证据材料分析和讨论，对双方当事人进行询问、现场勘验等，得出如下鉴定意见：

① A 公司办公楼房屋损害与地铁某号线××三路站附属结构Ⅱ号出入口施工存在因果关系。

② A 公司厂区内给水、消防、地砖、雨水等损害与地铁某号线××三路站附属结构Ⅱ号出入口施工存在因果关系。

③ 维修费：456258.25 元（大写：肆拾伍万陆仟贰佰伍拾捌元贰角伍分）。

★ 案例2　两家排除妨害纠纷案

1. 基本案情

本案司法鉴定申请人为 B，被申请人为 A，分别西、东相邻而居。双方当事人所属涉案房屋均位于某市某区某村三组，均为地上二层砖混结构。

案卷资料显示，申请人诉称：2021 年 1 月起，其发现自家靠近被申请人一侧的房屋地基塌陷，房屋多处出现裂缝。申请人即告知被申请人，让其检查一下自家的水管，但被申请人非但不理，还将申请人诉至法院。

被申请人诉称：申请人所居房屋在自家院内，靠近被申请人房屋和院墙一侧，修有洗水池，污水排水管、雨水排水管、自来水管均安装在此，污水、雨水从洗水池下流淌、渗漏。2021 年 1 月，被申请人发现自家房屋靠近申请人房屋一侧地基塌陷，房屋多处出现裂缝。被申请人认为，自家房屋出现裂缝系申请人院内水管破裂及污水、雨水排放、渗透引起被申请人房屋地基长时间浸泡等原因导致的因房屋存在严重的安全隐患，已不能正常居住使用，被申请人只得在外租房。

为明确双方当事人的诉请，特申请鉴定。

2. 鉴定过程及方法

（1）鉴定过程。

笔者所在机构于 2021 年 8 月 12 日接到某市中级人民法院委托，根据司法鉴定回避制度，本案中笔者所在机构不存在需回避情形。2021 年 8 月 18 日，笔者所在机构接受委托，并针对本案成立鉴定小组。

2021年8月19日，笔者所在机构制订了初步鉴定方案；2021年9月9日对现场进行了初步勘验；2021年9月22日收到鉴定申请人提交的鉴定费；2021年10月18日对现场进行了正式勘验；2021年10月29日形成鉴定意见；2021年11月5日完成鉴定意见书编制。

（2）鉴定方法。

① 鉴定人员对案卷资料进行独立分析、集中讨论。

② 现场勘验：

a. 对各方当事人进行问询；

b. 对涉案房屋现状进行调查；

c. 检查、检测涉案房屋基础现状；

d. 检查、测量涉案房屋地基塌陷情况；

e. 检查、检测涉案房屋墙体裂缝情况；

f. 检查双方给排水、雨水管道安装、走向、使用情况。

（3）综合分析涉案房屋情况，讨论形成鉴定意见。

（4）机构专家对鉴定意见进行审核，签发意见书。

通过以上资料分析、现场勘验、小组讨论、专家审核等过程和方法，确保此次鉴定过程符合规定、鉴定方法科学合理、鉴定结果真实可信。

3. 勘验情况说明

笔者所在机构在2021年10月18日的现场勘验流程如下：①根据案卷资料对双方参加勘验人员身份进行核实，各方均未对对方身份提出异议；②根据司法鉴定程序，对本案鉴定人进行介绍，双方均表示无回避需求；③宣读司法鉴定（风险）告知书后，并由双方完成签署；④与申请人核对申请鉴定内容；⑤对双方当事人分别进行现场问询；⑥对涉案房屋相关部位进行检查、检测。

（1）现场问询情况

申请方B陈述：

① 涉案房屋后面二层部分上房是2010年左右修建，前面一层部分是2012年左右修建。因为当时房子是父亲建的，所以基础形式、埋深、底部宽度等都不清楚。

② 后面部分裂缝发生时间是2020年12月，前面部分裂缝发生时间为2021年4月。

③ 后面部分塌陷发生时间是 2020 年 12 月，前面部分塌陷发生时间为 2021 年 4 月。

④ 裂缝、塌陷发生前没有发现异常。

⑤ 裂缝、塌陷发生时自家自来水用水正常。2020 年 12 月后，上房停止给水，厨房用水从门口重新埋设给水管。

⑥ 排水管道、雨水管道在裂缝、塌陷发生前后没有更换过。

⑦ 裂缝快速发展的时间段：后面上房为 2020 年 12 月，前面一层房子为 2021 年 4 月，2021 年 4 月后裂缝未再发展。

⑧ 2020 年 12 月裂缝发生后开挖了大门口进户位置的进水管并重新布置。开挖的坑没回填，一直渗水。

⑨ 2021 年 4 月，村上停水一夜后，组织开挖了两家门前的主管道，更换了主管道、A 家进水管。管道更换以后，门口水坑停止渗水。

⑩ 后面上房室内水井是 20 世纪 80 年代填的，用土回填。

⑪ 门口化粪池深约 1m，4~5 个月抽一次。

被申请方 A 陈述：

① 涉案房屋后面上房是 1994 年左右修建的，前面部分是 1980 年左右修建的，上房二层以及室外楼梯部分是 2007 年、2008 年左右建的。

② 基础形式为条基。有地梁，房心回填为农田直接挖土填充。

③ 裂缝、塌陷发现时间是 2021 年 1 月 16 日，前、后房屋发现的时间一样。

④ 裂缝、塌陷发生前没有发现异常。

⑤ 裂缝、塌陷发生时自家自来水用水正常，仅院子里有一个水龙头。2021 年 4 月，大队开挖门前管道后更换了给水管。院内没有排水管道，排水明排。

⑥ 2021 年 10 月院子楼梯区域裂缝有发展。

(2) 现场检查、检测结果。

经对现场勘验，双方涉案房屋东、西相邻，申请人房屋居西，被申请人房屋居东，两家后面上房(二层砖混建筑)贴建，院落大门均朝北；村里供水主管道从双方大门前巷道北侧通过，巷道两侧均建有房屋，未发现紧邻申请人院落大门口巷道两侧建筑物墙体或主要受力结构构件存在明显的外观质量缺陷，详见涉案房屋一层平面图(图 9-6)。

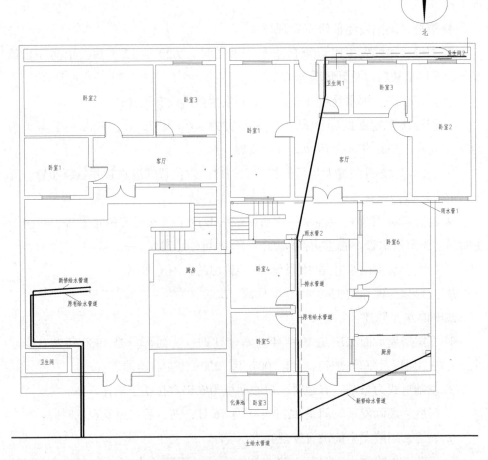

图 9-6　涉案房屋一层平面图

（3）申请人房屋情况。

申请人的上房为地上二层砖混结构，层高均为 3.3m；承重墙体厚度均为 240mm，采用烧结普通砖砌筑；楼、屋面板均为钢筋混凝土预制空心楼板，屋面为不上人屋面；一、二层均设有卧室、卫生间。其中，卫生间给水管道从大门入户，污水管道从房后排出，上房屋面雨水管道从一层雨棚顶向西排出。院内地坪均采用混凝土硬化，院内紧挨卧室 4 南侧外墙处设有洗手盆。勘验时，其给水管道无供应水源，原有排水管道在距离地面约 30cm 处接入卧室 4 的雨水管，然后与院内雨水管道在卧室 4 西南角处合并（合并位置约位于院内地坪下 20cm 处，合并交接处管道局部破裂、渗水）至总排水管道，向北埋设至大门外。

　　申请人院内北侧(前面)区域的厨房、卧室均为单层砖混结构(房屋布置以及管道布置详见图9-6),承重墙体厚度均为240mm,采用烧结普通砖砌筑;屋面板均为钢筋混凝土预制空心楼板。

　　经现场勘验,申请人的涉案上房东、西侧卧室墙体北段区域均存在不同程度的裂缝。一楼东侧卧室承重砌体墙裂缝的最大宽度大于10mm。横墙裂缝呈现北高南低走势,纵墙裂缝呈现东高西低走势,两条裂缝相交于房屋东北角纵、横墙交接处。未发现南侧卧室、卫生间的墙体存在明显不均匀沉降裂缝(裂缝的现场检查、检测情况如图9-7所示)。

　　院内前面东侧一层建筑中卧室4东南角墙体裂缝宽度大于10mm,呈现南高北低走势,其北侧与卧室5共用墙体可见明显水平向裂缝。卧室5东北角纵、横墙交接处未设置钢筋混凝土构造柱,已形成竖向贯穿裂缝,东侧墙体裂缝呈现南高北低走势。院内前面西侧厨房与卧室6共用墙体裂缝宽度大于10mm,呈现东高西低走势。

(1)院内上房基本情况　　　　　　　　　　(2)两户相接位置

图9-7　申请人的涉案房屋现场检查结果

（3）大门外管道分布

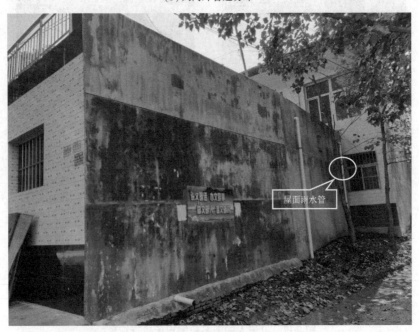

（4）房屋西墙

图9-7　申请人的涉案房屋现场检查结果（续）

(5)村里主供水管道位置

(6)未发现大门外东、西两侧室外散水与主体结构交接处存在
明显由相对沉降引起的开裂

(7)上房一层外墙在东侧窗口下角处开裂　　　(8)二层东侧卧室外墙在窗角处开裂

图9-7　申请人的涉案房屋现场检查结果(续)

135

(9)房后(南侧)卫生间   (10)房后(南侧)墙体无明显裂缝

(11)院内前面建筑房间布置   (12)院内室外楼梯明显开裂

(13)卧室4南侧外墙位于室外楼梯下部区域开裂   (4)室外楼梯下部墙体开裂

图9-7   申请人的涉案房屋现场检查结果(续)

（15）原有排水管道在距离地面约 30cm 处　　　（16）院内洗手盆原给水管埋置深度为
接入卧室 4 的雨水管　　　　　　　　　　　84cm（从院内地坪顶算起）

（17）原有排水管道接入卧室 4 的雨水管后与院内雨水管道在卧室 4 西南角处合并，
合并位置约位于院内地坪下 20cm 处，合并交接处管道局部破裂、渗水，周围土体潮湿

（18）上房客厅南侧墙面无明显不均匀沉降裂缝

图 9-7　申请人的涉案房屋现场检查结果（续）

137

(19)上房卧室1东侧、北侧墙体明显开裂，
裂缝宽度大于10mm，呈现北高南低走势

(20)上房卧室1西侧墙体明显开裂，
呈现北高南低走势

(21)上房卧室1南侧墙体无明显裂缝

(22)上房卧室1内的基础
开挖位置(东北角)

(23)上房卧室1区域内房心土的最大沉陷
量为1.4m(从室内地坪顶算起)

图9-7　申请人的涉案房屋现场检查结果(续)

（24）上房卧室 1 的地基土沉陷，　　　　　　　　　（25）上房卧室 1 东北角室内
　　表层土无明显过水痕迹　　　　　　　　　　　　地坪下的原回填水井坍塌

（26）上房卧室 3 的墙体局部有渗水痕迹，对应区域表面抹灰层开裂、脱落，
　　　　　　房间东、西侧墙体无明显不均匀沉降裂缝

（27）上房一层卫生间墙体无明显不均匀沉降裂缝

图 9-7　申请人的涉案房屋现场检查结果（续）

(28)上房二层东侧卧室墙体明显开裂

(29)院内中庭顶板在预制板拼接处明显开裂，
卧室4西侧外墙在门洞南侧上角处明显开裂

(30)院内前面西侧厨房
墙体局部开裂

(31)院内前面东侧卧室5东侧外墙明显开裂，且裂缝为贯穿裂缝；
纵、横墙交接处未设置钢筋混凝土构造柱

图9-7　申请人的涉案房屋现场检查结果(续)

（32）院内前面西侧厨房北侧墙体
无明显不均匀沉降裂缝

（33）院内前面西侧厨房的南侧外墙明显开裂

（34）院内前面东侧卧室 4 的东侧外墙明显开裂，且裂缝为贯穿
裂缝，裂缝宽度大于 10mm，呈现南高北低走势

（35）院内前面东侧卧室 4 的北侧墙体开裂

（36）院内前面东侧卧室 4 内的基础
开挖位置（西南角）

图 9-7　申请人的涉案房屋现场检查结果（续）

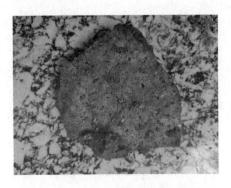

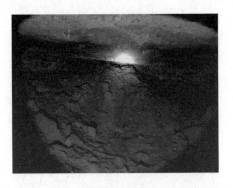

(37) 院内前面东侧卧室 4 内沉陷区域
房心土土体含水率偏高

(38) 院内前面东侧卧室 4、卧室 5 交接处房心土、
地基土沉陷现状，该区域基础及室内地坪下
墙体表面潮湿

(39) 院内前面东侧卧室 4 内沉陷区域
房心土表面存在明显浸水及
由南向北的过水痕迹

(40) 院内前面东侧卧室 4 西南角区域南侧局部
放大脚基础与上部墙体脱离并塌落；该区域基
础及室内地坪下墙体表面潮湿，局部可见水珠；
局部室内地坪底可见水珠，沉陷范围内
土体含水率偏高

图 9-7 申请人的涉案房屋现场检查结果(续)

现场在上房卧室 1 裂缝形态严重区域室内地坪(东北角)处开挖基础进行检查，经现场检查可知：承重墙体支承于采用两级放阶砌筑的砌体条形基础之上；基础放大角底部宽度约为 600mm，基础下灰土垫层厚度(100~200mm)分布不均匀；卧室东北角房心土、基础下地基土均已沉陷(沉陷范围详见图 9-8)，部分放大脚基础与上部墙体脱离并塌落；勘验当日，该区域表层房心土及地基土的土壤含水率无明显异常；室内东北角地坪下的原回填水井已坍塌；该区域房心土沉陷量最大(1.4m)位置为原回填水井处。

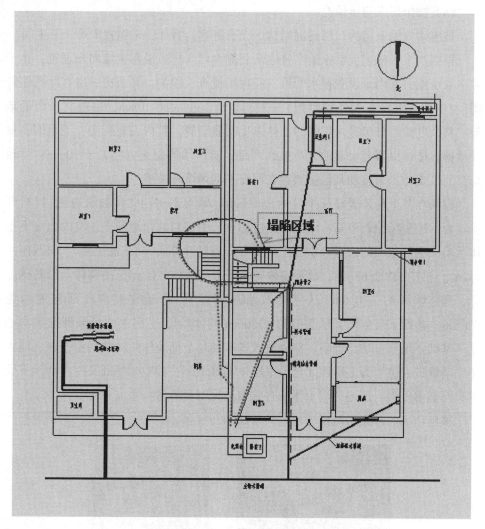

图9-8 涉案房屋塌陷范围

现场对申请人卧室4偏西南区域的室内地坪(因靠近院内洗手盆)开挖检查,经现场检查可知:卧室4房心土及东南方向区域地基土几乎完全沉陷,沉陷区域向北延伸至卧室5北侧外墙处,沉陷范围由南向北逐渐缩小(见图9-8);沉陷房心土表面存在明显浸水及由南向北的过水痕迹,土体最大沉陷量位于卧室4室内地坪中间偏东区域下部;沉陷范围内多数放大脚基础与上部墙体脱离并塌落;室内地坪下基础墙体根部表面明显潮湿,局部可见水珠;局部室内地坪底可见水珠,沉陷范围内土体含水率偏高。

（4）被申请人房屋情况。

被申请人的上房为二层砖混结构，设有卧室、客厅，未设置厨房、卫生间。

根据当事人陈述：自家给水管道从北侧大门入户后沿东围墙向东埋置，止于院中取水点，院内未设置排水管道。经现场检查、检测，其上房一层客厅西侧外墙（与申请人上房东侧外墙紧挨）开裂，裂缝宽度大于10mm，呈现北高南低走势；其余勘验当日可进入房间的墙体未见明显裂缝。院内设有厨房、卫生间、室外楼梯，楼梯由裂缝引起的外观损伤严重；厨房墙体裂缝宽度大于10mm，呈现南高北低走势；未发现其他院墙存在明显不均匀沉降裂缝。

现场在其上房外置楼梯下院内地坪区域（紧挨上房西北角散水边缘）进行开挖检查，经现场检查可知：该区域内房心土、上房西北角地基土、院内地坪下土体沉陷，沉陷范围的边缘分别位于楼梯下向南约2.0m、向北约1.8m、向西南约3.2m、向东南约2.6m处；承重墙体支承于采用两级放阶砌筑的砌体条形基础之上，基础埋深约为0.5m（从室外散水顶算起）；基础放大角底部宽度约为600mm，基础下灰土垫层厚度（100~200mm）不均匀；上房西北角局部区域房心土、基础下地基土均已沉陷，部分放大脚基础与上部墙体脱离并塌落；该区域土体塌陷量最大位置为上房西北角承重墙体基础下部；勘验时基础及室内地坪下墙体表面基本干燥，沉陷区域土体的含水率未见明显异常，基本正常。

被申请人的涉案房屋现场检查结果如图9-9所示。

（1）院内现状　　　　　　（2）院内后面上房北立面现状

图9-9　被申请人的涉案房屋现场检查结果

(3)院内给水管道埋设走向：给水管道从北侧大门入户后
沿东围墙向东埋置，止于院中取水点

(4)院内水龙头(取水点)位置

(5)院内前面西侧的厨房西侧外墙明显开裂，
裂缝宽度大于10mm，且为贯穿裂缝

(6)院内后面上房一层的东侧外墙在窗洞下角位置明显开裂

图9-9　被申请人的涉案房屋现场检查结果(续)

(7)院内后面上房一层客厅的西侧外墙与申请人的上房一层东侧外墙贴建，
且墙体裂缝宽度大于10mm

(8)院内后面上房一层卧室与申请人上房
相邻的西外墙无明显不均匀沉降裂缝

(9)院内后面上房西北角处的室外楼梯
区域墙体明显开裂，裂缝宽度大于10mm

(10)2021年9月9日初勘时的
室外楼梯墙体状况

(11)室外楼梯墙体明显开裂，裂缝宽度大于
10mm。通过初勘与正式勘验结果的对比
可知，该区域墙体裂缝在2021年10月
期间存在继续发展的情况

图9-9 被申请人的涉案房屋现场检查结果(续)

（12）室外楼梯区域的院内土体明显沉陷

（13）上房西北角局部区域地基土明显沉陷，
部分放大脚基础与上部墙体脱离并塌落；
该区域基础下部灰土厚度为 100~200mm

（14）上房西北角局部区域室外地坪
下墙体表面基本干燥

（15）上房西北角沉陷区域土体的含水率
未见明显异常，基本正常

（16）上房西北角土体沉陷范围东南
方向边缘距离开挖的基础探井
（室外楼梯下）约 2.6m

（17）上房西北角土体沉陷范围西南
方向边缘距离开挖的基础探井
（室外楼梯下）约 3.2m

图 9-9　被申请人的涉案房屋现场检查结果(续)

(18) 被申请人 2021 年 1 月 16 日的照片　　　　(19) 被申请人 2021 年 1 月 21 日的照片

　　记录：当时厨房墙体开裂情况　　　　　　　　记录：当时厨房墙体开裂情况

图 9-9　被申请人的涉案房屋现场检查结果(续)

4. 鉴定分析

(1) 涉案房屋出现坍塌及裂缝原因分析。

综合对当事双方的问询结果及其提供的影像证据资料可知：申请人院内原给水管道沿卧室 4、卧室 5 的西侧外墙进行铺设，并接入其上房卫生间；涉案双方房屋墙体裂缝出现的时间为 2020 年 12 月，裂缝出现前双方院内生活供水均正常；申请人发现自家房屋墙体出现裂缝时，东侧邻居被申请人家中无人。据申请人陈述，经 2020 年 12 月对其院内供水管道截断并重新埋设后，其院内后面上房的墙体裂缝停止了发展。据被申请人陈述，其院内给水管道从大门入户后向东沿东围墙埋置于院内，院内未设置排水管道；2021 年 1 月 16 日回家后发现其家里上房客厅和前面厨房墙面均存在裂缝；2021 年 4 月村里挖断其大门口的主供水管道并重新进行了埋设。

通过对现场勘验的典型结果可知：

① 院内后面上房：申请人上房的墙体裂缝主要集中于建筑物北段偏东区域，且典型横墙(南北向)、纵墙(东西向)裂缝分别均呈现北高南低、东高西低走势，

相交于房屋东北角。被申请人上房的墙体裂缝主要集中于与申请人相邻的建筑物北段偏西区域，且典型西侧外横墙裂缝呈现北高南低走势。两家上房墙体裂缝位置相邻，走向相同，均为典型不均匀沉降裂缝。

② 院内前面单层砖混结构建筑：申请人院内前面东侧建筑卧室4、卧室5与被申请人厨房共用墙体典型裂缝均呈现南高北低走势，西侧② 厨房与卧室6共用墙体，典型（东西向）裂缝呈现东高西低走势，均为典型不均匀沉降裂缝。

③ 两家院内前后房屋之间的相邻室外楼梯结构构件变形、开裂情况严重。

④ 申请人上房卧室1裂缝较重位置基础挖开后可见卧室东北角房心土、基础下土方均已沉陷，基础已塌落，原回填水井已坍塌；勘验中未发现回填土有明显过水痕迹，含水率无明显偏大。经对申请人前面卧室4地面挖开勘验发现：卧室4房心土已基本沉陷，卧室5房心土从南至北沉陷范围逐渐缩小，填土表面有明显由南至北过水痕迹。填土沉陷范围内砖基础已基本坍塌，基础砌体表面明显潮湿，局部可见水珠存在。

⑤ 经挖开被申请人院内楼梯下地面检查：塌陷范围为楼梯下向南约2.0m、向北1.8m、向西南约3.2m、向东南约2.6m，与申请人院内塌陷区域连通；塌陷最深处位于上房基础下部，塌陷范围内基础均已坍塌；勘验时基础墙面干燥，坑内土方含水率未见异常。

⑥ 结合以上裂缝勘验结果及相应区域的基础勘验结果可知：双方房屋裂缝走向均趋于一致，前面部分裂缝南高北低，后面部分裂缝北高南低，前后房屋的主要沉降区域指向一致；地基、基础塌陷最严重处为申请人卧室4区域。因此，综合判定：涉案房屋出现裂缝主要由部分区域的房屋地基基础塌陷所致，地基基础塌陷主要由申请人院内原给水管道缺陷所致。

（2）原因力大小分析。

通过现场勘验：申请人上房的墙体裂缝主要集中于建筑物北段偏东区域，呈现北高南低走势；未发现上房南段区域墙体存在明显的不均匀沉降裂缝。被申请人上房的墙体裂缝主要集中于建筑物北段偏西区域，与申请人主要裂缝墙体相邻，走势相同；未发现勘验当日其余可进出房间的墙体存在明显的不均匀沉降裂缝。

院内前面单层砖混结构建筑西侧厨房、卧室6的墙体裂缝数量、宽度相对东侧卧室4、卧室5的结果分别为较少、较小，且典型横墙（东西向）裂缝呈现东高

西低走势；东侧建筑的南段区域与被申请人厨房共用的（卧室4）墙体裂缝现状比北段区域（卧室5）的严重，且卧室4的墙体裂缝呈现南高北低走势。

双方当事人上房与院内前面房间之间的室外楼梯结构构件均已变形，开裂情况严重。

以上裂缝出现位置与现场勘验过程中开挖后检查到的地基、基础塌陷范围基本一致。

结合以上裂缝勘验结果及相应区域的基础勘验结果综合判定：墙体典型裂缝产生的主要原因力为申请人院内原给水管道缺陷导致漏水造成的房屋地基不均匀沉降及对应区域地基土塌陷。

（3）涉案房屋能否正常居住。

经对现场勘验可知，申请人东侧一楼卧室1墙体裂缝最大宽度大于10mm；前面一层结构中卧室4东南角墙面裂缝最大宽度大于10mm，卧室5东北侧纵横墙交接处已形成竖向通缝；上房卧室1东北角房心土、基础下土方均已沉陷，基础已塌落，原回填水井已坍塌；前面卧室4房心土已基本沉陷，卧室5房心土从北向南沉陷范围逐渐增大。现场勘验时，填土沉陷范围内砖基础已基本塌落。

根据《农村住房危险性鉴定标准》（JGJ/T 363—2014）"4.2.4满足下列条件的农村住房，其危险性可定性鉴定为D级1.地基基础：地基已基本失去稳定，基础出现局部或整体坍塌""表3.1.4农村住房的危险性等级D级承重结构已不能满足安全使用要求，住房整体出现险情，构成整栋危房"以及《民用建筑可靠性鉴定标准》（GB 50292—2015）"9.1.3对下列任一情况，可直接评定为Dsu级：1.建筑物处于有危房的建筑群中，且直接受到其威胁""表3.3.1Dsu级必须立即采取措施"，涉案房屋不能正常居住。

5. 结论

结合本案实际情况，通过对案卷相关证据材料分析和讨论，对双方当事人进行询问、现场勘验等，得出如下鉴定意见：

（1）涉案房屋出现裂缝的主要原因为房屋基础塌陷；基础塌陷的主要原因为申请人院内给水管道缺陷。

（2）墙体典型裂缝产生的主要原因力为申请人院内原给水管道缺陷导致漏水造成的房屋地基不均匀沉降及对应区域地基土塌陷。

（3）涉案房屋不能正常居住。

十、地质灾害

（一）地裂缝

⭐案例1 地裂缝对房屋安全的影响

1. 事件概况

截至目前，西安市一共发现了 13 条地裂缝。13 条地裂缝大致情况为：f4、f5、f6、f9 地裂缝出露长，连续性好，活动强烈，致灾严重地段占其出露长度的 70% 以上；f3、f8、f10 地裂缝出露连续性较好，活动较强，致灾严重地段占其出露总长度的 30%～50%；f1、f2、f7、f11 地裂缝出露段连续性较差，活动较弱，致灾严重地段占出露总长度的 30% 以下。

本案例中处于地裂缝上的房屋建于 1985 年，为五层砖混结构，结构平面图见图 10-1。地基处理方式为大开挖，素土回填，基础为 3∶7 灰土垫层砖砌放大脚，设钢筋混凝土圈梁。墙体为普通黏土砖混合砂浆砌筑，底层砖砌体采用 100 号砖、100 号混合砂浆，二、三层用 75 号砖、75 号砂浆，四层用 75 号砖、50 号砂浆，五层用 75 号砖、25 号砂浆。楼（屋）面板均为普通预制多孔板，每层楼板下均设有钢筋混凝土圈梁，构造柱隔开间布置。

房屋建成后，受地裂缝活动影响，多处开裂，尤以中单元最为严重。为掌握房屋的安全情况，遂对房屋进行鉴定。

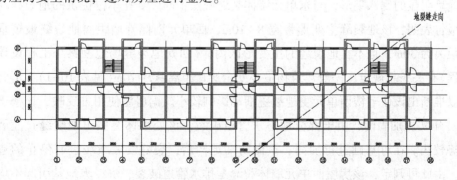

图 10-1　结构平面图

2. 鉴定过程

该楼所处场所为 I 级非自重湿陷性黄土区域。经现场调查，了解到该房屋曾因西侧外墙出现裂缝，采用"预试桩式托换法"对西山墙及西单元部分承重墙、中单元西户的两道横墙、东户的内纵墙及东单元的西户部分内横墙和内纵墙等承重墙基础进行了加固补强，并补做了防漏地沟。

经现场勘察，该楼东单元西户和中单元东户墙体裂缝较为严重，经测量，裂缝最大宽度为 13mm。西单元外横墙与内、纵横墙也出现不同程度的裂缝，但受损情况相对于东单元较轻。委托单位提供的地裂缝勘察报告表明，从 N55E 走向的 F8 的地裂缝从西南-东北方向斜穿过该房屋东单元和中单元部分住户。该场地地裂缝处于西安地裂缝 f8 相对活动强烈段，裂缝带宽 2~4m，主变形带宽 8~10m，深度约 10m。地裂缝东南盘相对下沉，具有垂直张扭性的力学特征。

3. 原因分析

结合以上对该房屋的现场勘察得到如下分析：

该房屋东单元与中单元东户受到不同程度的破坏，主要表现为地面变形、墙体开裂和门窗倾斜。墙体裂缝的形状具有受地裂缝损害的特征，墙体在相同部位较一致地出现斜向裂缝，裂缝呈现上宽下窄，纵墙裂缝东高西低，横墙裂缝南高北低。纵墙的裂缝张拉较严重，缝宽达 3~13mm。因 f8 地裂缝东南侧相对下沉，造成门窗向东倾斜，开闭困难。西安地裂缝每年第三季度的活动量增大，据住户反映，8 月后房屋开裂、变形加剧，这是西安地裂缝年度变化的具体反映。上述事实表明，该住宅楼东单元及中单元东户的损坏，与西安地裂缝(f8)的活动直接有关。

西单元墙体出现的损害是否与地裂缝的活动有关？经现场勘察，西单元外墙裂缝呈明显的倒八字形，与东单元墙体裂缝截然不同。委托单位提供的地裂缝勘察报告表明，该地裂缝主变形带宽 8~10m，西单元南侧外墙距离地裂缝最短垂直距离为 30m，且不在地裂缝的主变形区内。《西安地裂缝场地勘察与工程设计规程》有关条款规定，一般建筑物最小安全避让距离≥7~10m(见表 10-1)，由此可以推断出该住宅楼西单元受地裂缝活动影响较小。据房屋使用方反映，该楼于 1994 年实施加固前，由于部分地下水管道破裂，该处墙体突然出现裂缝且发展趋势较快。在对基础进行加固、重做防漏地沟后，裂缝发展减缓且有停止的迹象。由此可判定，该房屋西单元墙体裂缝是排水管道破裂、水浸泡地基引起不均匀沉降所致，与地裂缝活动关系不大。

表 10-1　地裂缝周边建筑最小安全避让距离

建筑类型	建筑类型说明	最小安全距离/m
轻型建筑物	如体育场、停车场、公园、绿化场地等	0
一般建筑物	4~7层民用建筑、一般厂房	≥7~10
重要建筑物	8~10层楼房、具有10~30t吊车的动力厂房、城市输水管道	≥20
特殊建筑物	10层以上楼房、有重大建筑意义的馆堂、50t以上的大型厂房	≥70

4. 鉴定结论和建议

（1）鉴定结论。

① 混凝土构件超声波探伤仪检测。为了掌握该房屋详细的受损情况，对该楼混凝土构件进行了超声波探伤，采取随机抽样的方式共检测了 6 个构件。结果发现，被检测构件混凝土浇捣不密实，构件内部存在孔洞，部分构件有裂缝存在。这就表明，被检测混凝土构件存在内部缺陷。

② 砖砌体砂浆强度检测。经现场检查，该房屋砌筑砂浆疏松，已出现风化迹象。检测人员对底层砖砌体砂浆强度应用贯入法进行了检测，结果表明，砂浆抗压强度换算值为 1.0MPa，实际强度不能满足图纸设计要求。

③ 建筑物竖向位移观测。采用 DSZ2 水准仪对该楼竖向位移进行了观测，根据所处环境与现场条件，以建筑物室外墙裙为假设基准。观测发现，该楼东、西两端相对于中间沉降量较大，其中，东侧下沉量为18cm，西侧为2cm。这就表明，该房屋已有不均匀沉降产生。

④ 墙体抗震能力验算。利用 PKPM 结构设计软件对该楼进行抗震承载能力验算。计算结果表明，该住宅楼一、二层部分墙体抗震承载能力不能满足现行抗震设计规范 8 度抗震设防的要求。

由上述检测结果，根据《危险房屋鉴定标准》（JGJ 125—2016）判定，该楼属 C 级房屋，即局部危险房屋。

（2）建议。

根据鉴定结论及地裂缝活动对西单元影响较小的实际情况，应委托单位对该房屋保留一部分继续使用的要求，建议对该房屋采取以下处理措施：

① 对房屋东单元与中单元东侧受地裂缝影响较为严重的部分进行拆除，保留西单元、中单元西侧部分建筑。拆除时应连基础一起断开，避免因地裂缝活动变化，影响被保留部分的安全使用。

② 对该房屋保留部分采取抗震加固补强措施。拆除前应对房屋整体进行定期沉降观测，拆除后应对被保留部分进行沉降观测。在其后的三年内，检测人员对该房屋保留部分进行了定期沉降观测。由于该房屋在建设初期未设立沉降观测点，考虑到 f8 地裂缝东南盘下降的因素，为避免东南盘下沉影响观测数据的准确性，在该房屋轴正北约 20m 处设立了相对观测基准点。从观测数据来看，各观测点均有下沉但比较均匀，总沉降量为 10.38mm。差异沉降为 1.6mm，最后 100d 沉降速率为 0.009mm/d。根据《建筑变形测量规范》(JGJ 8—2016)最后 100d 沉降速率小于 0.01~0.04mm/d 时可认为进入稳定阶段的规定，该房屋沉降稳定，符合安全使用的要求。

5. 教训和反思

房屋鉴定工作者在地裂缝影响带上进行房屋安全鉴定时，应对造成房屋损坏的各种原因进行调查与分析，以保证房屋安全鉴定工作的准确、合理。

(1) 对处于地裂缝场地上建筑物的安全鉴定，既要考虑地裂缝的影响，又要顾及其他因素，做到具体问题具体分析。如在本实例中，对该房屋的损坏原因，就不能只单独认为是由西安地裂缝(f8)活动造成的，而应结合房屋现状，仔细调查被鉴定建筑物的既往历史，认真分析，找出造成房屋损坏的真正原因。

(2) 建筑勘察设计单位在设计初期，应尽量避开对建筑物有不良影响的特殊的地形地貌。这样既可以避免影响房屋的结构安全，又可以节约更多的建设资金，从而确保社会的和谐稳定及人民群众的生命财产安全。

案例2　西安市某小区房屋受活动地裂缝影响受损

1. 事件概况

2012 年夏季，西安市南郊某小区 16 号楼部分群众因其所居的房屋墙体出现严重裂缝造成恐慌，引起区政府高度重视。为避免出现重大人员伤亡，对该房屋进行安全鉴定。

16 号楼位于小区的中央地带(见图 10-2)，为一幢 6 层砖混结构房屋，共有 4 个单元、72 户，房屋平面布置为"L"形(见图 10-3)。该房屋始建于 1986 年，1987 年竣工交付使用。通过查阅委托方提供的图纸显示，16 号楼地基采用灰土井处理，井柱采用 2：8 灰土分层回填夯实，井柱长 6.5m，灰土柱径为 1.5~2.2m 不等，基础为钢筋混凝土十字(交叉)梁基础，梁截面尺寸为 370mm×

500mm；房屋屋顶采用平顶屋面，屋面板及楼层板均采用预制钢筋混凝土多孔板，房屋设计按设防烈度8度进行抗震设防，设有圈梁、构造柱；楼梯为现浇楼梯，建筑面积4600m²。

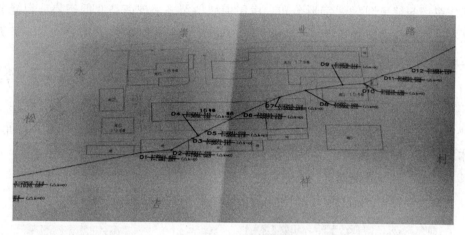

图10-2　小区分丘图

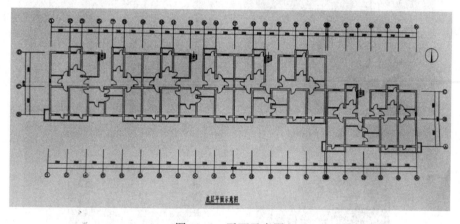

图10-3　平面示意图

2. 鉴定过程

据现场调查了解，16号楼自建成投入使用后，约在1990年前后房屋就开始出现墙体裂缝，裂缝处于持续发展状态。通过调查发现，房屋存在以下问题：

（1）房屋地基基础产生不均匀沉降，尤以2、3单元最为严重；通过对16号楼进行沉降观测，测量成果表明，房屋沉降仍然未达到稳定状态，且4、5、6、7号点(1单元，位于地裂缝的上盘)沉降量较大，从而证实了f6地裂缝仍在活动阶段。

（2）外纵墙（3单元楼梯间）与横墙交汇处出现一道竖向裂缝，裂缝贯穿底层至顶层（6层），最大裂缝宽度$f_{max}=32mm$。

（3）房屋墙体多处出现裂缝，裂缝按以下规律分布：纵墙以3单元为中心，房屋纵墙裂缝呈倒"八"字形分布；房屋横墙斜裂缝呈现南高北低态势，裂缝宽度在5~12mm，裂缝长度1.5~3m。横墙最大裂缝出现在2单元中户，缝宽为12mm；3单元楼的3、4、5层楼梯间梁下横墙出现竖向裂缝。

（4）3单元4、5、6层的中户，入户门上过梁底断裂，最大裂缝宽度为$f=1.5mm$；上述构件均已成为危险构件。

（5）3单元楼梯间1~5层休息平台楼梯梁西侧支座开裂、变形，损坏严重，休息平台及梁均已成为危险构件。

（6）小区室外地面有一条地裂缝自西南向东北穿行而过。

调查中保存的相关照片资料如图10-4~图10-27所示。

图10-4　南立面外貌

图10-5　北立面外貌

图10-6　墙体竖向裂缝1

图10-7　墙体竖向裂缝2

图 10-8　墙体竖向裂缝 3

图 10-9　墙体竖向裂缝 4

图 10-10　墙体裂缝 1

图 10-11 墙体裂缝 2

图 10-12 墙体裂缝 3

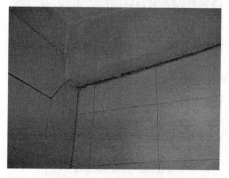

图 10-13　墙体裂缝 4

图 10-14 墙体裂缝 5

图 10-15　墙体裂缝 6

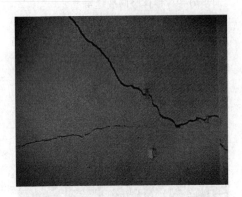

图 10-16　墙体裂缝 7

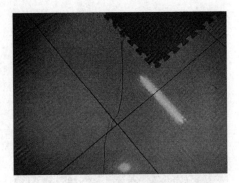

图 10-17　地板裂缝

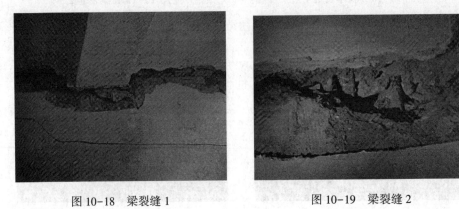

图 10-18　梁裂缝 1

图 10-19　梁裂缝 2

图 10-20　梁裂缝 3

图 10-21　梁裂缝 4

图 10-22　室外地面缝

图 10-23　室外地面缝 2

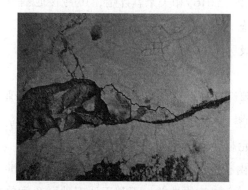

图 10-24　室外地面缝 3

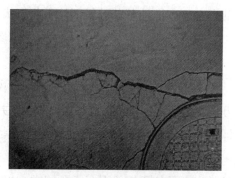

图 10-25　室外地面缝 4

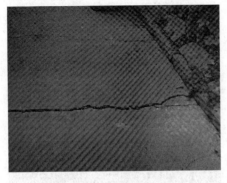

图 10-26　室外地面缝 5

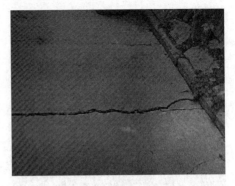

图 10-27　室外地面缝 6

3. 原因分析

据 16 号楼《地裂缝勘察报告书》(详勘)，该小区为一类地裂缝场地，f6 地裂缝从场地穿过，从位于场地内的 16 号楼 2、3 单元下穿过。由于该地裂缝仍在活动阶段，造成地裂缝两侧(南侧为上盘，北侧为下盘)产生沉降差异，从而导致 16 号楼房屋因地基基础不均匀沉降而产生房屋倾斜、墙体开裂；3 单元楼梯间还因地裂缝的活动，造成房屋水平方向开裂、楼板水平位移等情况。

4. 鉴定结论和建议

(1) 鉴定结论：

① 依据《危险房屋鉴定标准》(JGJ 125—2016)评定，16 号楼 3 单元楼梯间横墙及休息平台楼梯梁为危险构件。

② 依据《危险房屋鉴定标准》(JGJ 125—2016)相关条款评定，16 号楼地基基础为 C 级，即地基基础局部处于危险状态。

③ 综合分析判定 16 号楼房屋为 C 级房屋，即局部危险房屋。

(2) 建议：

① 依据《西安地裂缝场地勘察与工程设计规程》及《西安市城镇危险房屋管理办法》之规定，建议产权人立即对 16 号楼 2、3 单元停止使用，居住人员必须立即撤离，适时拆除；对 16 号楼 1、4 单元观察使用。

② 小区房屋建于 20 世纪 80 年代，由于受当时历史条件所限，房屋建设标准较低，大量使用钢筋混凝土预制空心板，房屋整体性差，不利于西安地区 8 度抗震要求。为提高和改善小区居民的居住条件及居住环境，彻底消除因地裂缝不断活动而带来的各种安全隐患，建议辖区主管部门对小区整体重新规划建设。

5. 教训与反思

（1）鉴定单位在现场初堪时，发现该楼存在严重安全隐患，为避免人员和财产遭受损失，街办、社区及时动员全体住户搬离，同时切断该楼水、电、气等。

（2）造成此次被鉴定房屋成为危险房屋的直接原因为地裂缝。由于地裂缝的活动人类目前还无法控制，也不能准确预判其活动的规律性，因此房屋建造前对地裂缝的勘察不可或缺。通过查阅该楼的设计资料，地勘报告未能准确勘察出地裂缝 F6，故导致该楼在使用几年后便出现基础不均匀沉降、房屋墙体开裂、房屋倾斜等，使用仅 20 余年后便被判定为 C 级危房。由于无法加固，建议拆除且不得在原址上进行新建。

（二）滑坡

案例1 广东深圳市光明新区厂房和住宅发生滑坡事件

1. 事件概况

2015 年 12 月 20 日 11 时 41 分许，广东深圳市光明新区 X 社区 Y 工业园发生滑坡事件，滑坡泥土直接翻倒进工业园区下面，淹没房屋。最外侧一栋 4 层高的楼房，突然中间出现巨大裂痕，随之向后倾斜，5 秒钟内轰然坍塌。事故涉及恒泰裕、德吉程、柳溪 3 个工业园区 15 家公司，共造成 33 栋厂房和民宅被毁。现场地质专家确认滑坡覆盖 $60000m^2$，平均厚度 6m 左右。

2. 调查过程

经查 2015 年 12 月 20 日 6 时许，红坳受纳场顶部作业平台出现裂缝，宽约 40cm，长几十米，第 3 级台阶与第 4 级台阶之间出现鼓胀开裂变形。现场作业人员向顶部裂缝中充填干土。9 时许，裂缝越来越大，遂停止填土。11 时 28分 29 秒，渣土开始滑动，自第 3 级台阶和第 4 级台阶之间、"凹坑"北面坝形凸起基岩处（滑出口）滑出后，呈扇形状继续向前滑移，滑移 700m 左右停止并形成堆积（见图 10-28）。滑坡体停止滑动的时间约为 11 时 41 分。滑坡体推倒并掩埋了其途经的红坳村柳溪、德吉程工业园内 33 栋建筑物倒塌，其中厂房 14 栋、办公楼 2 栋、饭堂 1 间、宿舍楼 3 栋，其他低矮建筑物 13 间，造成重大人员伤亡。

图 10-28　滑坡面俯视

　　红坳受纳场所处位置原为采石场，经多年开采形成"凹坑"并存有积水约 $9×$ 10^4m^3。该"凹坑"东、西、南三面环山封闭，北面有高于"凹坑"底部约 17m 的东西向坝形凸起基岩，且基岩凸起处地形变窄，并由此向北地势逐渐下降，坡度达 22°。红坳受纳场四周出露和北面凸起的基岩既有岩体结构被部分破坏的强、中风化花岗岩，也有基本未变的微风化花岗岩，出露新鲜基岩具有较高的力学强度和抗变形能力。事故发生前，红坳受纳场渣土堆填体由北至南、由低至高呈台阶状布置，共有 9 级台阶。滑坡物源区与滑坡堆积区最大高程差为 126m，最大堆积厚度为 28m。

　　模拟计算结果显示，滑坡体运动速度最高达 23.8m/s，滑坡体最大动能约 $1.8×10^6kJ$（被滑坡体冲击后的房屋见图 10-29、图 10-30）。事故最终造成 73 人死亡、4 人下落不明、17 人受伤（重伤 3 人，轻伤 14 人，均已出院）。33 栋建筑物（厂房 24 栋、宿舍楼 3 栋、私宅 6 栋）被损毁、掩埋，导致 90 家企业生产受影响，涉及员工 4630 人。事故调查组依据《企业职工伤亡事故经济损失统计标准》（GB 6721—1986），核定事故造成直接经济损失 88112.23 万元。其中：人身伤亡后支出的费用为 16166.58 万元，救援和善后处理费用为 20802.83 万元，财产损失价值 51142.82 万元。

图 10-29　被滑坡体冲击后的房屋 1

图 10-30　被滑坡体冲击后的房屋 2

3. 原因分析

事故直接原因是：红坳受纳场没有建设有效的导排水系统，受纳场内积水未能导出排泄，致使堆填的渣土含水过饱和，形成底部软弱滑动带；严重超量超高堆填加载，下滑推力逐渐增大，稳定性降低，导致渣土失稳滑出。体积庞大的高势能滑坡体形成了巨大的冲击力，加之事发前险情处置错误，造成重大人员伤亡和财产损失。事故发生后的抢险现场如图 10-31、图 10-32 所示。

图 10-31　抢险现场 1

图 10-32　抢险现场 2

4. 教训反思

（1）涉事企业无视法律法规，建设运营管理极其混乱。项目违规层层转包，造成责任主体缺失；受纳场建设运营过程中没有按照有关规定进行规划、建设和运营管理；没有设置有效导排水系统，没有排除受纳场原有积水，违规作业，严重超量超高堆填加载。涉事企业安全管理极其混乱，没有对员工开展必要的安全生产教育培训，没有设立专兼职安全生产管理机构和配备相应安全管理人员，没有编制应急预案并开展应急处置演练。未及时报警或报告有关部门，致使受纳场下游企业和附近人员错失了紧急避险时机。

（2）地方政府未依法行政，安全发展理念不牢固。深圳作为一座快速发展起来的特大型城市，人财物大量聚集，高速流动，城市公共安全和安全生产矛盾突出，社会管理工作与经济发展不相适应，尤其是在城市管理、安全生产管理中没有建立完善的风险辨识和防控机制，对城市建设中出现的安全风险认识不足。深圳市相关部门在推进城市建设过程中，没有牢固树立"发展决不能以牺牲人的生命为代价"的理念，缺乏依法行政的意识，未能正确处理安全与发展、改革与法治的关系，注重规模效率，忽视法治安全。违法违规实施余泥渣土临时受纳管理和推动红坳受纳场建设运营，在深圳市《建筑废弃物运输和处置管理办法》施行后仍执行与之相冲突的《光明新区余泥渣土临时受纳管理办法（试行）》；对所属部门未依法依规开展渣土受纳场建设审批许可和日常监管的问题失察失管。对群众举报的事故隐患未认真核查并督促整改，对所属部门查办群众举报的事故隐患工作中存在的问题失察失处，致使红坳受纳场的重大事故隐患得以长期存在并继续加重，最终酿成事故。

（3）有关部门违法违规审批，日常监管缺失。红坳受纳场建设项目在未依法取得有关部门批准的情况下核发临时受纳许可，明知该受纳场层层转包、违法经营，没有依法履行监管职能。光明新区城市建设局未按规定督促红坳受纳场依法办理建设工程施工许可证、水土保持方案和环境影响评价审批手续，未查处其未批先建的行为。深圳市城市管理局未发现并查处红坳受纳场超量超高受纳的问题。深圳市住房和建设局未按规定履行建设执法监督指导职责，未有效监督指导光明新区管委会依法查处红坳受纳场无建设工程施工许可证违规建设问题。深圳市规划国土部门违法违规实施用地许可，对违法用地行为未依法查处。深圳市水务局未对红坳受纳场落实水土保持方案情况进行有效监管。以上政府部门，未严格履行审批、监管的法定职责，未认真落实"管行业必须管安全"的要求，有法不依、执法不严、违规许可、监管缺失。一些国家工作人员滥用职权、玩忽职守，甚至权钱交易、贪赃枉法，致使红坳受纳场得以长期违法违规建设运营。

（4）建筑垃圾处理需进一步规范。随着我国城镇化快速发展，建筑垃圾大量产生。一些城市通过回填、调配使用，基本实现建筑垃圾产生和消纳总体平衡，但在一些建设速度快、地下工程多的城市，消纳场地匮乏，建筑垃圾围城的问题逐步显现，现行的管理制度和标准规范难以适应管理需求，尤其是对安全风险相

对较高的余泥渣土受纳场缺乏具体要求。

（5）漠视隐患查处举报，整改情况弄虚作假。负责查处的光明新区城市管理局等部门，对现场核实的事故隐患问题未督促整改，仅要求暂时停工，并协调有关部门为事故企业补办水土保持和环境影响评价手续；弄虚作假回复举报群众和上级部门，谎称事故企业"手续齐全，施工规范"，谎报"打消了信访人的疑虑，加强了对该受纳场的监管"。深圳市、光明新区政府对群众举报的事故隐患重视不够，对负责查处部门存在的问题失察失管。红坳受纳场事故隐患错失整改机会，酿成大祸。

人民生命高于一切，安全责任重于泰山。此次滑坡事件造成的震撼，让每个人多了一份沉重与反思。

深圳光明新区的滑坡再次发出警醒：祸患积于微末，防范贵在常态。告慰灾难的最好方式是，让悲剧不再重演。一切结果源于之前的问题积累，只有用积极的心态去解决问题才能避免悲剧发生。

案例2　贵阳山体滑坡造成倒楼事件的调查和分析

1. 事件概况

2015年5月20日上午11点29分，因连续降雨山体滑坡造成贵阳云岩区头桥社区X苑21栋第3、4单元部分垮塌。

这是一栋9层民房，于2004年建成，共4个单元，其中3、4单元倒塌，1、2单元受影响，废墟已有3层楼房高。现场居民介绍，房子未倒塌前，楼房后面的山坡有明显裂缝，造成16人遇难。

2. 事故过程

事发时，小区居民听到巨大的轰鸣声，像爆炸一样，小区中弥漫着烟尘，9层居民楼西侧的第4单元已经完全坍塌，第3单元也出现了部分坍塌，废墟在现场堆了近10m高，事发现场如图10-33～图10-36所示。

3. 原因分析

（1）房屋建在山体旁，未设置相应的防护措施，未进行全面的安全隐患排查，存在一定的安全隐患。

（2）房后的山体有裂缝。夜间当地下了一场大雨，由于土质疏松，山体滑坡，将靠近小山坡的居民楼冲垮。

图 10-33　居民楼倒塌现场 1

图 10-34　居民楼倒塌现场 2

图 10-35　居民楼倒塌现场 3

图 10-36　居民楼倒塌现场 4

4. 调查结论和建议

（1）调查结论。

经专家调查分析得出结论：此次滑坡为突发性地质灾害，由降雨诱发。滑坡主要因近期强降雨、昼夜温差大、特殊的岩土组合、地质构造以及高陡的地形条件等综合因素的影响，形成了浅表层顺层滑坡。通过现场调查发现，建筑废墟主要位于上部，滑坡体分布在建筑废墟下部及周边。结合航拍影像资料及小区监控视频分析，此次灾害是滑坡在前，房屋垮塌在后。

（2）建议。

① 群众的安全意识仍然有待加强，小区住户一早就知道房体有裂缝，向开发商反映无果却没有及时与相关职能部门沟通，旁边山体的滑坡隐患也没有引起足够的重视，尤其是夏季多雨期到来，随时可能引发山体滑坡等自然灾害。

② 及时排查风险地带安全隐患，对山坡等存在风险地带积极排查，采取设置实时观测点等方法，做到提前预警，从而避免灾难的发生。

5. 教训和反思

对待潜在突发性自然灾害，房屋质量保障机制是更坚固的安全屏障。没什么比生命代价更大。随着时代的进步，房屋安全管理应该有长效机制和预防机制，逐步提高城市房屋整体安全水平，从而避免此类事件的发生。

 贴士：滑坡来了怎么办？

（1）跑！朝与泥石流垂直方向跑到安全避难场地。

避难场地应选择在易滑坡两侧边界外围。遇到山体崩滑时要朝垂直于滚石前进的方向跑。在确保安全的情况下，离原居住处越近越好，交通、水、电越方便越好。

切忌在逃离时朝滑坡方向跑。更不要不知所措，随滑坡滚动。千万不要将避灾场地选择在滑坡的上坡或下坡。

（2）躲！跑不出去就躲在结实的障碍物下。

跑不出去时，应躲在坚实的障碍物下。遇到山体崩滑，应迅速抱住身边的树木等固定物体。可躲避在结实的障碍物下，或蹲在地坎、地沟里。

应注意保护好头部，可利用身边的衣物裹住头部。立刻将灾害发生的情况报告相关政府部门或单位。及时报告对减轻灾害损失非常重要。

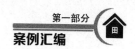

（3）等！滑坡停止后不可立即返回。

因为滑坡会连续发生，贸然返回可能遭到第二次滑坡的侵害。只有当滑坡已经过去，并且房屋远离滑坡，确认完好安全后，方可进入。

（4）救！牢记三点救人要领。

专家指出，救助被滑坡掩埋的人和物的方法要领有三点：①将滑坡体后缘的水排开；②从滑坡体的侧面开始挖掘；③先救人，后救物。

十一、地震影响

★**案例1** 汶川地震西安市中小学建筑的震害调查和分析

1. 事件概况

2008 年 5 月 12 日 14 时 28 分，我国四川汶川发生了里氏 8.0 级特大地震。此次地震是新中国成立之后，继唐山大地震以来，发生的又一次罕遇大地震。由于地震的震级大、烈度高、震源浅、波及范围广，给人民生命和财产造成了不可估量的损失。这次地震造成了大量建筑的破坏，与地震区毗邻的陕西省的许多建筑也遭到了比较严重的破坏。结合这次抗震救灾过程中搜集的资料，对西安市中小学建筑砌体结构房屋的震害进行调查和分析，以期对今后我国中小学建筑的设计和抗震加固提供参考及借鉴。

2. 调查过程

尽管近些年来西安市建筑业的发展非常迅速，一幢幢高楼不断拔地而起，然而已有建筑或正在修建的房屋砌体结构还是占有相当比重，如有相当数量的中小学建筑、办公楼、宿舍楼采用传统的砌体结构。在汶川大地震后的西安市震害调查中，发现有一些砌体结构房屋出现了不同程度的震害，尤其是一些中小学建筑砌体结构房屋。

在调查的 155 幢中小学建筑中，有 50 幢房屋属轻微破坏，基本上不需要修理可继续观察使用；15 幢房屋建议停止使用甚至拆除；而其余房屋则需进行不同程度的维修和加固处理。

3. 原因分析

在此将所调查到的中小学建筑砌体结构房屋的震害情况及其产生原因分析如下。

（1）墙体出现斜裂缝或交叉斜裂缝。这种裂缝主要出现在内外纵墙的窗间墙、窗下墙或横墙上，一些有预埋管线等墙体被削弱的部分裂缝较为明显。这主要是由地震作用产生的水平力与房屋墙体自重产生的竖向压力共同作用下所产生的主拉应力过大，超过了墙体自身的抗拉强度所致。由于在地震的反复作用下发生剪切变形，故称为交叉裂缝。如西安市某中学的主教学楼，为外廊式3层砖混结构，无构造柱和圈梁等抗震措施，外纵墙的窗间墙出现了交叉裂缝（见图11-1），破坏较严重。西安市某中学教学楼，为内廊式二层砖混结构，有构造柱、圈梁，其内纵墙也出现了明显的交叉斜裂缝（见图11-2）。西安市某学校办公楼，为层内廊式砖混结构，设置有圈梁、构造柱，其横墙上出现了明显的斜裂缝（见图11-3）。西安市某中学教学楼，为内廊式砖混结构，设置有圈梁和构造柱，其纵墙也出现了明显的斜裂缝（见图11-4）。

图 11-1　外纵墙交叉裂缝图

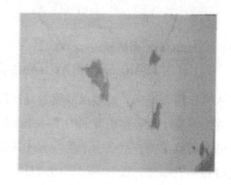

图 11-2　内纵墙交叉裂缝

图 11-3　承重纵墙斜裂缝图

图 11-4　门洞口斜裂缝

（2）墙体出现水平裂缝。这种震害常出现在板或梁底与墙体交界处，或高宽比较大的窗间墙上。这种裂缝产生的原因有二：其一，两种构件刚度不一，导致变形不协调而产生剪切错动；其二，高宽比较大的窗间墙弯矩起控制作用。西安市某学校教学楼，为3层砖混结构，设置圈梁和构造柱，在圈梁底部出现了水平裂缝（见图11-5）；西安市某学校教学楼，为2层外廊式砖混结构，设置圈梁和

构造柱，在门洞顶部位置出现了水平裂缝（见图11-6）。

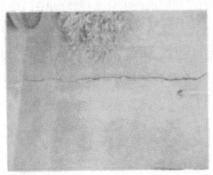

图11-5 圈梁底部水平裂缝　　　　图11-6 门洞顶部位置水平裂缝

（3）大空间房间的破损。大空间房间由于其开间大，抗震墙体相距较远，地震水平作用力不能通过楼盖或屋盖直接传达给这些墙体，导致部分或大部分水平力要由垂直于地震作用方向的墙体来承担。然而由于这些墙体平面的刚度小，砌体的抗弯能力差，就会由于受弯剪作用而使墙体出现裂缝。西安市某小学的4层砖混结构教学楼，设置圈梁、构造柱，其墙体出现了较多不规则裂缝（见图11-7、图11-8）。

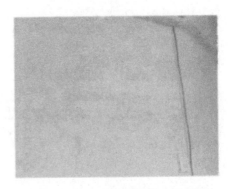

图11-7 大空间房屋墙体不规则裂缝　　　　图11-8 大空间房屋墙体水平裂缝

（4）纵横墙交界处的竖向裂缝。这种情况是因为纵横墙的拉结能力较低，纵墙与横墙直接被拉裂，严重时会导致外墙外闪甚至倒塌。西安市某小学的3层砖混结构教学楼，设置圈梁、构造柱，在纵横墙交界处出现了竖向裂缝（见图11-9）；西安市某小学的2层外廊式砖混结构教学楼，设置圈梁、构造柱，然而由于纵横墙拉结不好而出现贯通的竖向裂缝（见图11-10）。

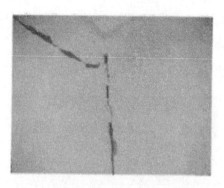

图 11-9　纵横墙交界处裂缝

图 11-10　砖墙转角处裂缝

（5）门窗过梁的破坏。地震作用下，门窗过梁形成了斜裂缝。在一般情况下，砖砌过梁出现裂缝的概率较大。钢筋混凝土过梁优于钢筋砖过梁，钢筋砖过梁又优于砖砌过梁。西安市某中学的 3 层砖混结构教学楼，设置圈梁、构造柱，在门洞口上方过梁出现斜裂缝（见图 11-11）。

（6）转角墙的破损。转角墙的破损多为"V"字形裂缝，这种破坏形态的原因有二：其一，房屋质量中心和刚度中心不重合；其二，转角处墙体约束较差。在转角墙处出现局部的应力集中容易导致这种裂缝形态。西安市某小学的 4 层砖混结构教学楼，没有设圈梁及构造柱，在屋顶转角处出现了"V"字形裂缝（见图 11-12）。

图 11-11　门洞口过梁裂缝

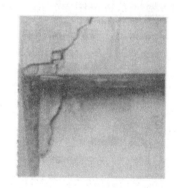

图 11-12　转角墙裂缝

（7）楼梯间的震害。楼梯间的破坏主要集中在楼梯间的支撑横墙上出现较宽的斜裂缝，以及个别梯段梁由于强度不足而出现竖向裂缝。这主要是因为：一方面，楼梯间横墙间距比一般的房间要小，分担了较大的剪力；另一方面，楼梯间没有像一般房间那样，楼板和墙体之间组成了空间结构，因此空间刚度小。尤其是一些布置在转角处的楼梯间，破坏更为严重。西安市某小学的 2 层砖混结构教

学楼，设置梁、构造柱，楼梯设置在房屋端部，在楼梯梁处的山墙上出现竖向通长裂缝（见图11-13）；西安市某小学的2层外廊式砖混结构教学楼，有圈梁、构造柱，在梯段梁下方出现裂缝（见图11-14）。

图11-13　楼梯间裂缝　　　　　　　　图11-14　梯段梁裂缝

（8）楼盖破损。现浇钢筋混凝土楼盖的整体性好，与墙体连接紧密，基本未出现破损现象。而预制楼盖的楼板、梁均有大量裂缝出现。这主要是由板梁在墙体上的支撑长度不够、搭接不牢固而造成的。在地震作用下，墙体很容易外闪，甚至倒塌。可以明显地发现，设置圈梁和构造柱的砌体房屋整体性更好一些，破损程度更轻一些。

（9）突出屋面的附属结构的破损情况。突出屋面的楼电梯间、水箱间、女儿墙、附墙烟囱等出现较多水平裂缝。一方面，在水平地震作用下，屋面部分产生"鞭梢效应"，使水平地震作用力大；另一方面，顶层突出物与其他层相比有较大的缩进，刚度存在着大幅度的减小，属于立面不规则。西安市某学校局部突出屋面，其屋盖发生整体扭转错动（见图11-15）；西安市某小学的2层外廊式砖混结构教学楼，设置圈梁、构造柱，女儿墙出现较宽裂缝（见图11-16）。

图11-15　突出屋面结构的裂缝　　　　图11-16　女儿墙的破坏

4. 鉴定结论和建议

（1）调查结论。

通过对西安市砌体房屋的调查与评估发现，由于各方面条件的差异性，这些房屋的破损程度轻重不一。但通过与其他结构形式的对比可以发现，砌体结构的破损最为严重。这与砌体本身的特点有着直接关系。第一，由于砌体的强度较低，建筑物中墙、柱截面尺寸大，材料用量较多，因此砌体结构的自重大，因此地震作用也随之加大；第二，砖砌体是一种脆性材料，其抗拉和抗剪强度都很低，在强烈地震作用下，砌体结构易于发生脆性的剪切破坏；第三，砌筑砂浆和砖之间的黏结力较弱，因此无筋砌体的抗拉、抗弯及抗剪强度低，抗震及抗裂的性能较差；第四，砌体采用手工方式砌筑，砌筑质量难以保证。

就其破损规律而言，总体来讲，建造越晚的房子，破损程度越轻微。具体来看，可以概括为以下几点：

① 底层房屋破损较重，越往上越轻；层数越多，破坏越重。

② 平面和竖向布置较规则的房屋其破坏程度较轻微。

③ 横墙布置多，有圈梁和构造柱的房子抗震性能较好。横墙布置多，抗侧刚度大，抗震性能会随之增强；圈梁和构造柱可以大大提高房屋的整体性、延性，从而可以显著提高结构的抗震性能。

④ 预制楼板在地震作用下存在安全隐患较大，整体性差。所采用的预制楼板一般搁置在两端的墙或梁上，地震时容易滑落造成重大危害，其抗震性能明显比现浇钢筋混凝土楼板的要差。

⑤ 施工质量是影响房屋抗震性能的一个重要因素。低劣的施工质量会直接加重建筑的震害。此次地震中发现的施工质量问题有砌体强度不足、构件连接不可靠、留直槎、干砖上墙、拉结筋长度不足、构造柱和圈梁施工不符合要求等。

（2）建议。

① 考虑到中小学校人口密集，使用频率非常高，青少年是国家未来的希望，适当提高中小学建筑抗震设防标准意义重大。

② 中小学的房屋应选择合适的建筑结构形式。由于学校建筑尤其是教学楼需要较大的空间、良好的采光，要求开窗面积大，许多学校采用单面外廊式的走廊设计，且外走廊悬挑。基于上述特点，如果采用砌体结构，则墙体的面积

就非常小，整体的抗震性能不高。因此，在条件允许的情况下，尽量选择具有良好抗震性能的框架结构或框架–剪力墙结构并严格按照国家抗震规范进行抗震设计。

③ 选择合理的结构形式。建筑的平面布置宜规则、对称，平面形状应具有良好的整体作用，尽量避免采用结构平面、立面刚度分布不均匀。纵、横墙沿平面布置应尽量左右对齐，楼梯间不宜设在房屋的尽端和转角处；建筑的立面和竖向剖面力求规则，结构的侧向刚度宜均匀变化，墙体沿竖向布置上下应连续，避免刚度突变；竖向抗侧力结构的截面和材料强度等级自下而上宜逐渐减小，避免抗侧力构件的承载力突变。房屋的顶层不宜设置大会议室等空旷大房间，房屋的底层不宜设铺面等通敞开大门洞。当确需设置时，应采取弥补薄弱部位的加强型措施或进行专门研究。

④ 提高砖砌体的抗剪强度。形成砖砌体水平抗剪能力的因素有两点：一是砖和砂浆的黏结力；二是砖对砂浆的静滑动摩擦力。提高砂浆强度等级、砌体配筋、砂浆中掺化学附加剂、采用振动砖砌块和砖板等，能增强砖与砂浆之间的黏结力，提高砌体沿通缝面的抗剪能力。

⑤ 砌体结构房屋一定要设置圈梁和构造柱，采用现浇楼板来增加房屋的整体性，从而提高其抗震性能和延性。构造柱和圈梁的设置加强了结构的整体性，提高了墙体的变形能力，形成了约束砌体。墙体在反复地震力作用下出现裂缝后，构造柱和圈梁能有效阻止裂缝的延伸，从而达到大震时裂而不倒的设防目标。

⑥ 增强构件间的连接措施。多层砖房各构件间的抗震构造连接是多层砌体房屋抗震的关键。抗震构造连接的部位较多，重要部位的连接措施应适当提高。

⑦ 加强对执行设计规范、施工验收规范的监督和管理，确保设计和施工质量。

⑧ 提出适合中小学实际的房屋抗震加固方法，减小老旧房屋在地震中的破坏。

⑨ 加大房屋抗震知识宣传，增强人们抗震防震的理念，提高房屋抗震能力。

5. 教训和反思

通过汶川大地震后西安市中小学砌体结构建筑的震害调查，笔者归纳出一些典型的地震破坏形态，在此基础上对中小学砌体结构建筑产生破坏的原因进行了分析，总结了地震破坏的规律。希望所做工作能引起各级部门对中小学建筑抗震的重视，也为今后我国中小学建筑的抗震设计和抗震加固提供基础资料。

⭐案例2　玉树地震导致房屋不同程度损伤

1. 事件概况

2010 年 4 月 14 日，青海省玉树藏族自治州发生多次地震，较大震级 3 次，最高震级 7.1 级，发生在 7 点 49 分。13 时 23 分中国地震局网站发布消息称，中国地震局将地震应急响应级别升级为Ⅰ级，并立即进入Ⅰ级地震响应状态。

青海此次地震属于强烈的浅源性地震，地震震中位于玉树州上拉秀乡日麻村，距离州府所在地结古镇 30km。地震属于浅源性强震，破坏力极大。由于当地大部分民房是土木结构，土木结构的房屋几乎全部倒塌，沿街门面房、楼房、民房很多都整体倒塌，一些地方几乎被夷为平地，大量人员被埋。地震灾区受灾严重超出预期。

受震灾破坏严重的玉树县第三完全小学 18 间平房教室全部倒塌，学校的两栋教学楼没有倒塌，但出现严重裂缝。震区航拍图及灾区地图分别如图 11-17、图 11-18 所示。

图 11-17　震区航拍图

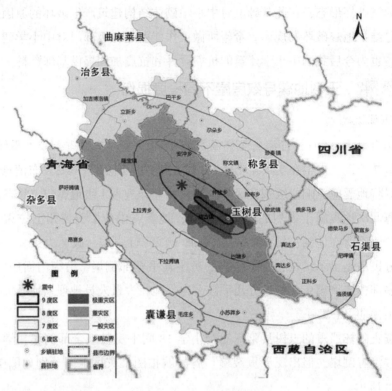

图 11-18 灾区地图

2. 震害调查

玉树地震与汶川地震一样，也是发生在欧亚板块的板内地震，来自印度板块与欧亚板块的碰撞。玉树历史上曾多发地震，并且震级都不低。由于玉树地震之前发生过一次 4.7 级地震，主震发生后，又发生了 6 级地震，因此，玉树地震是前震—主震—余震型地震，余震活动可能较为丰富。玉树地震的发震断层较单一，震源机制为走滑型地震，地表破裂带长度在 31～46km。主震之前约两小时曾发生 4.7 级前震，只可惜它没有起到警示作用，地震主震与最大余震之间的震级差是 0.8 级，时间差为 96min，空间位置相差仅 20km，3.0 级以上余震达12 次。

从地质构造来说，青海玉树属于巴颜喀拉块体，这个块体的地震是比较活跃的。1996 年喀喇昆仑山发生过 7 级地震，1997 年西藏玛尼发生过 7.5 级地震，2001 年青海昆仑山口西发生过 8.1 级地震，2008 年 3 月新疆于田发生 7.3 级地震，加上后来汶川地震和这次玉树地震，都是围绕巴颜喀拉块体的边界发生的。虽然汶川和玉树这两次地震都发生在巴颜喀拉地块边界的活动断裂上，但两者发震断层之间并没有直接的构造联系，分属于不同的二级构造单元。两次地震序列之间并未出现相互的呼应，可以看作是两个独立的地震事件。地震波及四川甘孜藏族自治州部分地区、西藏昌都及那曲东三县部分地区，地震烈度最高达到Ⅸ度，造成 2698 人遇难、12135 人受伤，倒塌房屋 15000 户（房屋大面积倒塌场景见图 11-19、图 11-20）。

图 11-19　房屋大面积倒塌 1

图 11-20　房屋大面积倒塌 2

3. 教训及反思

大地震能在瞬间夺走千万人的生命，房屋在地震中充当了"主要杀手"的角色。尤其是在玉树的地震中，由于校舍倒塌，许多的花季少年受到伤害，给许多家庭造成无法弥补的伤痛，这血的教训真是令人痛心疾首！我们应该从血的教训中深刻反思，切实抓好中、小学校舍的安全性及抗震排查、鉴定、加固工作，为中小学生提供安全的学习和成长的生活空间。

玉树震后调查发现，震中区人口最为集中的结古镇房屋严重破坏及倒塌率达50%以上，因房屋破坏罹难的人数占全部死亡人员的95%以上，给灾区人民生命财产造成了重大损失。离震中最近的结古镇居民住房大量倒塌，学校、医院等公共服务设施严重损毁，部分公路沉陷、桥涵坍塌，供电、供水、通信设施遭受破坏。与2008年汶川大地震滑坡滚石致大量人员伤亡相比，玉树地震房屋倒塌破坏是造成人员伤亡和经济损失的主要原因。

根据不完全统计，青海玉树结古镇灾区房屋倒塌严重是受较为恶劣的自然环境条件限制及经济欠发达原因造成的。

其一，地震的地形效应和地震构造效应明显，也就是说，灾区居民点的分布与发震构造的方向比较一致，因此造成的破坏较大。灾害沿江、沿河谷地带房屋震害的破坏明显严重。

其二，灾区的设防薄弱，灾区的房屋结构类型以传统土木（包括生土墙）结构、砖（石）木结构为主，抗震能力差，房屋破坏倒塌率较高。特别是当地建筑业欠发达，钢材、水泥自产能力差，基本靠外运，成本较高，导致当地农牧民住房以及相当数量的结古镇居民房以建造成本较低的传统土木结构、砖（石）木结构为主，绝大部分未经抗震设计，严重破坏及倒塌率高达88%；同时，由于地处平均海拔高达4000m的高原，空气稀薄，当地生产的黏土砖块强度低，加之水泥、钢筋等主要建筑材料匮乏，几乎所有房屋都不同程度地存在墙体砌筑砂浆强度低、灰缝厚度严重不足，混凝土圈梁、构造柱、芯柱等强制性抗震构造措施严重欠缺的问题，导致大量多层黏土砖、混凝土空心砌块砌体结构房屋抗震能力低下，地震中严重破坏及倒塌率高达55%。另外，虽然也有相当数量的学校、医院、银行等是抗震能力相对较强的钢筋混凝土框架结构房屋，但仍由于制备混凝土材料时大量使用了当地扎曲、结曲河谷产出的表面光滑的鹅卵石充当主骨料，

导致混凝土强度普遍偏低，严重破坏及倒塌率竟也高达24%。

玉树灾区传统民居为生土结构房屋，因其耐久性、整体性和延性都较差，因此抗震能力不容乐观。我国历次地震震害表明，当遭受6度地震烈度时，就有相当一部分生土结构的墙体产生开裂和局部破坏，甚至房屋整体倒塌，在大震中损失尤其惨重。在地震中，生土结构房屋的墙体、屋面等均可能发生严重破坏，而生土墙体的破坏是生土结构房屋发生严重震害的主要原因。生土结构房屋的主要震害表现为以下方面。

（1）生土结构房屋的倒塌。造成生土墙在地震中倒塌的原因有很多：地基潮湿，墙体未采取防潮措施时，墙脚会因受潮而剥落或被雨水反复侵蚀，致使墙厚减弱，墙脚处外侧凹陷，地震时会造成倒塌；挑檐在地震时来回摆动，使生土墙产生裂缝，严重的发展到墙角塌落或山墙倒塌；生土墙纵横连接较差，墙体交接处缺少拉结，有的横墙后砌无拉结和咬槎，地震时在水平力作用下很容易发生墙体开裂、墙体外倾或倒塌；结构平面布置不合理、纵横墙无拉结、土墙过高或有效横支撑间距偏大，使纵横墙体不能协调工作，容易形成单片墙体，在垂直于墙面的地震作用下墙体外倾或倒塌，并引起屋顶塌落；同时承重山墙的山尖较高，当缺乏拉结和支撑措施时，在地震作用下，山尖部分容易发生倾斜或倒塌。如果搭在山墙上的檩条搭接长度较短或没有垫木连接，地震作用使檩条从墙中拔出，易引起屋顶塌落。

（2）生土墙开裂或外鼓。生土墙开裂或外鼓的因素有很多，与生土墙特性、构造措施和地震作用大小均有关。生土墙内设有烟道或承重墙上门窗洞口过多，削弱墙体，在地震作用下，常因墙体强度不足产生裂缝。生土墙房屋纵横墙体间若无搭砌咬槎和拉结措施，在地震水平力的作用下，很容易发生墙体开裂、墙体外倾的现象。由于应力集中效应，接触面处墙体压应力增大，又未采取分散压应力的措施，使抗压强度不足，在使用阶段就产生了竖向裂缝，地震发生时，地震作用引起梁、檩条与墙体搭接处的冲撞，造成裂缝明显增大。由于立砌的土坯之间无拉结措施，加上泥浆黏结性能差，在压力作用和地震作用下，最外层土坯墙的强度及稳定性不足而导致墙体外鼓现象。

（3）屋面的破坏。屋盖系统的檩条或大梁直接搁置在夯土墙上，墙体与檩条或大梁接触部位受集中荷载作用，墙体抗压强度不足，在使用阶段就可能已经产

生了竖向裂缝，不利于房屋抗震。地震发生时，地震作用引起梁檩与墙体搭接处的冲撞，造成裂缝明显加大。在地震作用下，生土结构瓦屋面容易出现溜瓦现象；而泥顶房屋，每年维修，房顶加厚，有的厚达300~400mm，形成头重脚轻的重房顶，使地震作用加大，加重了房屋的破坏。总之，由于生土材料的抗弯、抗剪、抗拉强度很低，生土建筑在抗震能力方面存在着先天性不足。

历次地震后的震害调查表明，传统生土建筑震害普遍十分严重，但也有一些生土建筑经历了几百年的风雨侵蚀和地震摇撼，依然完好无损。这就说明，生土结构只要设计合理，构造措施得当，也能满足抗震要求。只要注意加强生土房屋的整体性，加强木柱与木梁之间的连接，加强木柱与土坯砌体的连接，采取合理的砌筑方式，选择当地较好的土质，减轻屋面重量，就能在非抗震区和低烈度区对传统民居进行传承。

 贴士：震后遇险被埋压怎么办？

如果震后不幸被埋在废墟中怎么办？莫急，莫怕。心中默念"静、通、留、查、发、找、等"这七字箴言，尽可能摆脱困境吧。

（1）"静"——冷静坚定信念。消除恐惧心理，鼓起生存的勇气和信心。

（2）"通"——保持呼吸畅通。设法挣脱双手，清除压在身上的各种物体，最重要的是清空腹部以上的物体和清除口腔、鼻腔内的尘土、异物，使自己能够正常呼吸。如果烟尘较多，注意用衣物捂住口鼻，当闻到有煤气或毒气时，要设法用湿布捂住口鼻。

（3）"留"——留出生存空间。

用周围可以挪动的物品支撑身体上方的重物，如砖块、木棍等，以防余震导致环境进一步恶化。如果身体上方存在不结实的或容易掉落的物体，要注意避开，或将上方物体清除。

（4）"查"——检查自己的身体状况。未受重伤可活动时，可以尝试慢慢地把身体从重物下脱出，并探索周围何处尚留有空间，朝着有亮光宽敞的地方挪动，寻找脱离险境的通道，冷静地设法摆脱险境。

（5）"发"——受重伤无法活动时，机智地发求救信号。如用手机向外发送信息，吹哨，用砖块敲击管道发出声响，在夜晚打开手电筒利用光亮与外界联系，

不要一直盲目大声呼喊。

（6）"找"——寻找水和食物。水和食物要节约，在万不得已的情况下可以积存自己的尿液，通过喝尿来维持生命。

（7）"等"——安静地等待救援。在等待救援过程中不要急躁和盲目行动，要尽可能保持平静的心态，树立坚强的求生信心。

第二部分　思考与建议

一、建立健全法规制度

近年来，房屋使用安全隐患日益凸显。一方面是大量的房屋进入老化期，建筑性能降低，安全事故频发。长期以来，相关部门在房屋安全管理上存在"重建设、轻管理"的思想，将主要精力用于房屋的开发、建设以及销售，缺乏对房屋管理、维护的重视，很多地区至今都没有一套科学、合理的房屋管理方法，导致房屋安全系数不断降低。另一方面，部分住户对房屋安全问题认识不清，住户在装修中擅自拆除或破坏房屋主体结构情况屡屡发生，房屋的抗震性、耐久性以及整体性受到很大影响，房屋的使用功能被大大破坏。这不是个别现象，已经成为房屋装修中的普遍行为，直接威胁人民群众的生命和财产安全。同时，城乡居民自建房私搭乱建、非法加建情况屡见不鲜，存在严重的房屋安全隐患。2020年以来，苏州、泉州、郴州、襄汾、长沙等多地连续发生重大房屋倒塌伤人事故，共造成133人遇难，给人民生命财产带来较大损失，对政府维护社会稳定带来较大挑战。例如，"7·12"江苏苏州某酒店坍塌事故及"4·29"湖南长沙居民自建房坍塌事故，给我们带来了惨痛教训。因此，我们要进一步加强房屋安全管理，切实保障人民群众的生命财产安全。

房屋安全关系民生，涉及城市公共安全，是城市公共安全的一个重要组成部分，必须由政府部门来管。因此，建立完善房屋安全管理保障和监管体系，对既有房屋进行切实有效的安全管理，对确保房屋使用安全，保护人民生命财产安全、维护社会稳定、促进经济发展具有重要作用。

我国作为人口大国，建筑业每年会消耗大量的资源，对生态环境会造成一定的影响。加强对既有房屋的安全管理，有效地延长房屋使用寿命，可减少资源的消耗，促进节能减排，对循环经济发展和人类社会可持续发展有着重要的意义。

多年来受"重建设，轻管理"思想的影响，对建成投入使用的房屋维修管理未引起足够的重视，导致房屋安全事故时有发生，且房屋平均使用寿命大大低于设计年限，造成资源浪费。通过加强房屋安全管理，建立房屋安全管理长效机制，不断地发现问题、解决问题，从而保证房屋始终处于正常使用状态，房屋安全隐患处于可控状态，有效减少房屋安全事故的发生。

而对房屋使用安全管理而言，法律是最有效的办法。一直以来，建设部1989年11月出台、2004年7月修订的《城市危险房屋管理规定》（建设部令129号修正）都是房屋使用安全管理方面的基础性依据。北京、杭州、成都、广州、南京等多个城市都相继出台了房屋使用安全管理规定、办法、条例等，设立了房屋使用安全管理的相关制度。西安市也于2015年修订颁布了《西安市城市房屋使用安全管理条例》。条例的颁布对规范房屋安全使用、检测、鉴定、危险房屋治理等方面发挥了重要作用，提高了房屋管理水平，降低了房屋安全事故发生率。但是，同时也能看到，各地方条例在实施过程中，存在诸如责任主体不明确、房屋安全鉴定管理不规范、缺乏强制性鉴定及定期检测机制、装修拆改处罚难等方面问题。

建立健全房屋安全管理的各项法律规章制度是做好房屋安全管理工作的基础和保证。通过制定完善的制度，落实管理责任，规范管理行为，真正做到责任落实到人，管理落到实处。要建立完善房屋安全管理台账，通过台账可以真实反映管理者进行房屋安全日常管理的全过程，做到管理过程清晰、连续、完整，不留死角。

因此，我们建议，国家应出台相应法律规定，以期更好地保证房屋安全管理的强制执行力，通过法律手段依法加强对房屋生命周期最长阶段即使用阶段的安全管理，实现由"治危"向"防危"、由"事后管理"向"事前管理"、由"被动管理"向"主动管理"转变。要切实做到明确房屋责任主体，实现权责明晰、合法使用、依法追责；要建立健全禁止制度、检查及鉴定制度、报告制度，实现规范化管理；要加强安全防范，强化监督管理，定期检查鉴定，尽早发现安全隐患，及时处理隐患；最后，要提高房屋安全行政处罚力度，设立一套完整的行政处罚、行政处理和舆论监督有机结合的制度，用严格的法律制度倒逼房屋使用安全的依法管理。

二、明确各级各类人员责任

在房屋使用安全管理的过程中，要明确各级各类人员责任。只有各级各类人员履行好自身职责，认真做好房屋使用安全管理，才能保障房屋安全，保护好人民群众生命财产安全。在房屋全生命周期中，主要有以下各类房屋使用安全管理所涉及的主体。

一是建设单位、勘察单位、设计单位、施工单位、工程监理单位。应当按照法律、法规规定及合同约定承担房屋质量安全责任，履行保修和质量缺陷治理义务，严格落实参建各方主体责任，突出建设单位首要责任，依法对工程质量承担全面责任，严格履行基本建设程序，落实项目法人责任制度，严禁未取得施工许可等建设手续开工建设，严禁违法违规发包工程、盲目压缩合理工期和降低工程造价，严格按照合同约定支付工程进度款，不得借优化设计名义降低工程结构安全和使用功能。房地产开发企业要严格落实对住宅工程的质量保修责任。

强化施工单位主体责任。施工单位对建筑工程的施工质量负责，不得转包、违法分包工程。施工单位应健全质量管理体系，对关键工序、关键部位隐蔽工程实施举牌验收，加强施工记录和验收资料管理，严禁虚假施工技术资料，实现质量责任可追溯；严格执行工程质量安全手册制度，全面推行工程质量管理标准化，将质量管理要求落实到每个项目中和每个员工身上。

二是房屋使用安全责任人。房屋所有权人为房屋使用安全责任人，应有效履行房屋保养维修义务，严禁擅自变动房屋建筑主体和承重结构。建立既有建筑拆除管理制度，不得随意拆除符合规划标准、在合理使用寿命内的公共建筑。加快推进城市信息模型（CIM）平台建设，按照"属地管理、规范使用、预防为主、防治结合、确保安全"的原则，全面清查掌握既有建筑手续办理情况等信息，从严管控建筑使用过程中的违法违规行为，严格依规履行既有建筑改扩建工程基本建设程序，严厉打击非法建设、违规改造、擅自改变建筑用途等行为。

一般来说，房屋所有权人为房屋使用安全责任人。房屋属国有或者集体所有的，其经营管理单位为房屋使用安全责任人。业主下落不明、房屋权属不清的，代管人为房屋使用安全责任人；无代管人的，使用人为房屋使用安全责任人。房

屋承租人、借用人应当按照法律法规的规定以及合同的约定合理使用房屋，承担相应的房屋安全责任。房屋使用安全责任人应依照设计功能、建筑物使用性质及房屋权属证明记载的房屋用途合理使用房屋；装饰装修房屋应符合相关规定，不得擅自变动建筑主体和承重结构，不得增加楼面荷载或者非法改建房屋等，如擅自改变房屋的基础、承重墙体、梁柱、楼盖、楼板等，以及扩大承重墙上原有的门窗尺寸，拆除连接房屋与阳台的砖、混凝土墙体等违法违规行为；做好房屋的检查、维修、养护等日常管理；做好白蚁防治、安全隐患排除、危险房屋治理；委托房屋鉴定等保证房屋使用安全的必要措施。

三是人民政府、街道办事处等部门。在发现本辖区内房屋存在安全隐患问题时，人民政府、街道办事处等部门应当及时督促房屋使用安全责任人或者建设单位委托房屋安全鉴定，并告知市、区、县房屋使用安全行政管理部门或者开发区管理委员会。

四是房屋安全鉴定机构。房屋安全鉴定机构应贯彻执行国家及上级有关部门颁布的房屋安全鉴定方面的法律法规、技术标准和规范等规章制度，依法依规、科学鉴定，并及时出具真实、有效的房屋安全鉴定报告，不得出具虚假鉴定报告。对鉴定属于危险房屋的，鉴定机构应当立即告知委托人，并向区、县房屋使用安全行政管理部门或者开发区管理委员会报告。

五是房屋使用安全行政管理部门，应当履行房屋使用安全监督管理职责：监督检查房屋使用安全管理工作；制定房屋使用安全管理制度；监督、指导房屋安全鉴定；督促、指导危险房屋治理；组织房屋使用安全培训；依法查处房屋使用违法违规行为。

六是安监、建设、规划、城市管理、教育、文化、体育、宗教、卫生、商务、国土资源、财政、市政公用、工商、公安、质监等相关行政管理部门，也应当按照各自职责，做好房屋使用安全相关管理工作。

房屋使用安全管理不单单是住户个人或者房屋主管部门的责任，而是需要所有各级各类主体同心同力，相互配合，从而真正做到保障房屋的安全使用，保证人民群众的生命财产安全。

三、探索房屋安全治理的新机制

（一）构建全方位房屋安全监管体系

建立房屋安全四级管理体系。依托现有行政管理体制，建立起市(县)、区、街道、社区各司其职的房屋安全四级管理体系。为减少和避免房屋倒塌事故的发生，必须实现房屋安全管理的全覆盖，做到"横向到边、纵向到底"。建立"督查协调在市，责任落实在市(县)、区，日常管理在街道(乡镇)，巡查报告在社区"的四级管理体系。根据各地条例对四级房屋安全管理职责的划分，强化属地对房屋安全的监管作用。

构建房屋安全网格化系统。在现有行政区划基础上，根据房屋分布密度进一步划分房屋安全管理网格，每个网格设立房屋安全管理员，同时建立起日常巡查机制，及时在巡查中发现房屋安全隐患，并将巡查信息逐层逐级上报，构建起以块为主、条块结合、横向到边、纵向到底的常态化网格化监管体系，实现城镇住宅房屋安全监管全覆盖。

明确相关职能部门职责。对于公共密集场所或承担公共职能的建筑，应明确行业主管部门的房屋安全监管责任。对于人员密集场所及公共场所的房屋使用安全状况进行定期检查，发现房屋安全隐患，应当督促房屋安全责任人及时治理，并通报房屋所在地市(县)级住房和城乡建设部门，协助房屋安全主管部门做好房屋安全管理工作。

要坚持全面排查与重点整治相结合，监督检查与联合执法相结合的原则，对巡查中发现的突出问题，深刻剖析，找准症结，拿出破解难题的实招、硬招；对整治中行之有效的方法措施，认真加以总结，上升为制度规范，形成长效机制。人口流量大、租赁住房需求旺盛的城市应制定商业办公用房、厂房等非住宅改造租赁住房的政策措施。对改建改装的房屋严格履行建设程序；依法为改建、改造工程办理建设工程消防设计审查、验收和备案抽查手续。当地住房和城乡建设局负责城市房屋安全专项整治工作调度、汇总，压实主体责任，切实履行好监管职责，要安排专人做好数据统计、档案管理和信息报送工作，实行常规工作"季报

告"和突发事件"即时报"制度。

（二）探索建立危房排查监管机制

建立排查巡查机制，实行物业公司、房屋所有人或使用人日常检查和区、街道经常性排查结合，明确房屋所有人或使用人对房屋负有安全检查、日常维护责任，检查重点为老旧小区及自建房，开展定期和不定期巡查，至少一年一次常规大排查，如遇地震、雨雪、汛期等灾害性天气及时组织应急专项排查，排查结果24小时内告知房屋所有人或使用人。

各级房屋安全管理部门应将房屋安全普查和日常检查中发现的危险房屋相关信息整理归档，建立危险房屋信息数据库，对危险房屋实行动态管理。

经鉴定为危险但尚未解危的危险房屋应由房屋安全管理部门签发"危险房屋监护警示责任通知书"，送达房屋所有权人或安全责任人。所有权人或责任人应落实专人进行监护，做好监护记录。对不便拆除，且不影响相邻安全的危险房屋要做好警示标识，悬挂警示牌。警示牌内容包括房屋地址、危险程度、危险部位、应急电话、房屋所有权人、监护责任人等。

经鉴定确认房屋存在重大安全隐患的应由房屋安全管理部门签发"存在房屋安全隐患房屋限期整治通知书"，送达房屋所有权人或安全责任人，要求其在规定期限内提出整治方案，排除房屋安全隐患。由于房屋重大安全隐患随时可能导致房屋事故的发生，因此对房屋安全隐患的整治必须有强制性行政措施来保证。

经鉴定为危险房屋的，房屋安全管理部门应根据危险房屋的危险程度和改造的难易程度，编制危险房屋改造计划。危险房屋改造计划包括改造范围、期限、安置方案、改造资金等内容。改造计划报经政府批准后，由政府下达文件后实施。

（三）房屋安全突发事件应急管理制度

房屋安全突发事件往往伴随其他灾害一起发生，所以房屋安全突发事件应急预案应纳入社会公共安全应急预案体系，做到灾前有防备、发生有处置、灾后有善后。各级政府、各单位应制订符合本地区、本单位实际情况的房屋安全突发事故应急管理预案。

（四）房屋安全鉴定管理制度

房屋安全鉴定管理制度是房屋安全鉴定工作有序、规范开展，确保鉴定结论的客观、公正的保证。房屋安全鉴定管理制度包括对鉴定机构和鉴定人的管理、对危险房屋的鉴定管理等。

湖南长沙发生的"4·29"居民自建房倒塌事故，造成了重大人员伤亡，引起了国家、省、市各级政府高度重视。根据初步调查结果，事故发生之前，存在鉴定检测企业出具虚假鉴定报告的违规行为。为深刻汲取事故教训，应进一步加强各房屋安全鉴定管理工作，规范鉴定、检测单位执业行为。

1. 加强行业管理

对从事既有房屋安全鉴定业务的单位应当通过当地住建局备案并向办公所在地县(区)住建部门报备，服从当地住建部门的业务指导，在其资质认定许可的能力范围内开展鉴定业务，不得违规出具虚假报告。

县(区)住建部门对在辖区内从事既有房屋安全鉴定的机构要加强管理，确保辖区内既有房屋安全评估或鉴定工作规范、有序开展，坚决查处违规开展既有房屋安全鉴定业务的行为，并及时向市住建局反馈。

市住建局将依据行业管理标准，对相关违规鉴定机构列入严重失信企业名单或从既有房屋安全鉴定机构名录库中予以除名。

2. 规范执业行为

现场鉴定工作应当安排两名以上鉴定人员参加，鉴定人员需经过相关培训、考核合格并取得相应的上岗证，项目负责人应具有一定的工程职称或执业证书。参与现场鉴定的工作人员应为鉴定机构备案时提供的鉴定人员名单中的人员。

鉴定检测单位出具的鉴定报告，应当按当地主管部门的规定进行审核签发，加盖鉴定专用章。房屋安全鉴定单位及相关负责人对出具的鉴定报告承担法律责任；鉴定为局部危险或者整幢危险房屋的，鉴定单位应按《城市房屋安全管理条例》相关规定进行上报；机构应建立鉴定项目资料档案，专人负责长期保管，保证房屋安全鉴定检测数据、原始资料的可追溯性。

当地房屋鉴定机构主管部门应严禁其辖区鉴定机构允许其他单位或个人以其机构名义承揽或转包鉴定业务。

（五）建立房屋管理信息系统

随着互联网技术的发展和进入信息时代，大数据和智能技术为我们的生活带来了便利。利用信息和大数据，不仅可以减少工作量，而且可以提高工作效率，确保工作质量。当今，现有房屋的安全管理工作也顺应着时代的发展，使用科学技术可以实现管理工作的高效化，并建立信息化的网络平台。在大数据和信息化技术的推进作用下，管理工作会更加科学便捷，通过信息化的管理平台，可以做好房屋的登记和信息的备注，后期管理的时候会更方便。

建立信息化管理系统，将危险房屋的基本情况、历史信息、鉴定结论、危险点、加固改造等情况，以及解危计划、责任单位(人)等信息录入系统。同时，利用 GIS 地图对危险房屋进行定位，一旦发生险情，主管部门和专家可以迅速赶赴事发地点，第一时间通过监管系统获得危房的全部数据，立即在现场做出科学的判断，为抢险工作赢得宝贵时间。同时，对存在隐患及达到一定使用年限的房屋建立预警提醒机制，要求进行检查及鉴定工作，达到主动介入的目的。房屋监管信息系统的建立和使用要与房屋安全网格化管理工作相衔接，按照房屋安全的等级设定巡查期限，由房屋安全管理员及时上传巡查信息，实现危房信息的动态管理。同时对无危情的房屋，结合使用年限、周边环境、极端条件下的实时预警和提醒，使管理工作靠前、主动。在纸质档案数据积累量的基础上，以信息化手段搭建四级管理平台，并对接手机移动端和实时监测系统，掌握危险房屋的动态实际状况，为下一阶段实施治理提供依据。

建立移动端巡查系统。移动巡查系统的使用目标人群为网格内的房屋日常巡查人员。巡查人员应按照系统规定的工作期限，在进行日常巡查工作时，将房屋破损及安全隐患的情况进行拍照留存，输入相关的文字说明和初步建议，在第一时间方便快捷地提交给上级网格负责人进行查看处理，为一线工作人员节约大量的时间和工作量。

对接实时监测系统。通过对房屋实地勘察，制订监测方案，布设监测设备，以倾角计、裂缝计、静力水准仪、振动传感器、风压风速传感器、温度湿度传感器等为主，监测房屋的倾斜、开裂、沉降、压曲等情况，搭建监测平台，发布监测数据，提供房屋安全动态监测预警系统功能和数据服务并进行实时传递。危房监管系统通过对接实时监测系统，让房屋安全管理人员能够及时了解房屋结构状况的变化，并可设定警示临界值，当数据变化突破临界值后将自动对危险房屋监管系统和手机移动端巡查系统发出警报，提醒房屋安全管理人员第一时间赶赴现场察看、了解实情，并及时做出判断和处理。同时开展日常人工巡查，对监测时发出风险提示进行人工校核，确保房屋安全。

（六）农村自建房管理制度

近年来，我国建筑业得到迅猛发展，但事故发生率也远高于其他行业。自建房的质量安全管理仍处于空白和不到位的状态，自建房安全生产监管长期存在缺位。

目前，自建房管理的法律法规不健全，政府监管不力，从而导致农房事故隐患大量存在：（1）自建房施工人员几乎全部为农村工匠，其专业技术素质较差，不能独立果断地处理复杂的工程技术问题，操作也不够规范，其安全防护意识淡薄、操作技能低下，职业技能的培训欠缺。（2）自建房建设未履行相关报批手续。有些地区农民法律意识淡薄，不进行报建审批，甚至无任何报批手续随意建设，得不到相关部门的技术指导和安全管理。自建房建材质量未进行有效的入场复检，其质量难以保证，使用的建筑材料和构配件的质量比较差、合格率低，特别是檩条、楼板的钢筋配置不足或位置不正确，往往留下质量安全隐患。（3）设计与施工不规范。按照国家要求，三层以上或单体建筑面积 300m^2 以上的农民自建房必须由有资质的设计单位设计并由有相关资质的施工单位施工建造。然而，村民受经济条件的制约，不想花钱设计，便随心所欲，致使屋面、墙面、地面渗漏、轴线位移、墙体倾斜、混凝土强度不足等问题产生，直接影响房屋的使用。

针对以上问题，自建房建设安全管理应采取以下解决措施：（1）改进安全监管方式，加大行政执法力度，建立健全自建房建设监管体系。要求各级政府主管部门切实树立农村自建房建设与城镇建设并重的观念。建立健全监管体系和县、乡、村规划管理。使自建房建设开工有设计、竣工有验收，严格审批程序，所有建设要有序进行。在安全监管工作中要统筹考虑对建筑市场和工程质量安全的监督，加强市场与现场联动，彻底改变重审批轻监管的管理方式，将有限的监管资源调整到安全监管工作方面。逐步建立健全安全巡查制度，主动出击，改变单一的运动式检查，从重点监督检查施工主体安全，转变为重点监督检查企业安全责任制的建立和实施情况，以及安全生产法律法规和标准规范的落实及执行情况。

（2）进一步提高相关专业人员的素质。做好安全生产管理工作的重要前提就是提高施工人员的素质。加强自建房建筑工匠在专业素质、知识结构、执业技能、职业道德方面的培训，清理、整顿、规范自建房建设市场秩序。（3）加大宣传力度，增强自建房建设的法律意识，直接关系到广大农民群众的切身利益。各级各部门应加大《中华人民共和国城乡规划法》、建设部《关于加强农村建设工程质量安全管理的若干意见》等法律法规的宣传力度，增强自建房建设的责任感、紧迫感。（4）规范施工，确保农房建设质量安全，加大农房建设的监管力度，特别是要增强乡镇一级建设管理部门的服务功能。对农民进行教育，提高农民对建房的质量安全意识。达到要求的必须由具有相关资质的建筑企业施工建设，从源头杜绝质量工伤事故的发生。

（七）加大房屋安全知识宣传力度

各级住建部门、镇街和物业服务企业应持续利用主流媒体、地铁公交电视、公众号等媒介播放各类房屋使用安全宣传片，充分发动村（居）委会、物业服务企业工作人员利用微信群（工作群、业主群、亲友群等）、LED滚动宣传屏、群发短信等方式，指导公众正确使用房屋，拒绝违规装修，维护公共安全。对于违法装修的典型案例，应从严从快从重查处，以案说法，广泛宣传，公布一批，震慑一片，营造良好的社会氛围。各区住建部门应为镇街、物业服务企业组织房屋使用安全管理工作培训，重点讲解有关法律法规规定，提高基层工作人员业务水平。

充分利用各类媒体平台，对城市房屋安全专项整治进行广泛宣传发动。发挥舆论监督和群众监督作用，及时发现并纠正房屋安全违法违规问题，宣传报道先进做法，公开曝光典型问题，形成浓厚氛围。要加强政策解读和安全教育，加强舆论引导，提高公众对房屋安全的责任意识和风险意识，强化社会共识，积极发挥社会监督作用。

（八）试行房屋安全保险制度

2022年5月24日，国务院办公厅公布的《关于印发全国自建房安全专项整治工作方案的通知》中明确提出："完善房屋质量安全强制性标准，研究建立房屋定期体检、房屋养老金和房屋质量保险等制度。"

　　习近平总书记在中央政治局第十九次集体学习时指出："要健全风险防范化解机制，坚持从源头上防范化解重大安全风险，真正把问题解决在萌芽之时、成灾之前。"保险具有天然的风险治理和防灾防损功能，作为专业化的风险治理手段，在房屋安全治理领域理应有更大的作为。为认真落实党中央、国务院有关决策部署，坚持人民至上、生命至上，建立健全住房安全长效治理机制，切实保证人民群众生命财产安全，通过对我国存量住房安全形势的全面分析，借鉴国内外住房安全治理经验，建议积极推进住房维修资金改革，加快构建住房安全保险制度，保证人民住房安全。

　　房屋安全保险是运用保险手段购买公共服务、创新社会管理机制的有益尝试，目前在部分城市已经开始试运行。可以选择实力强的保险机构在全市推行房屋安全保险制度，通过建立房屋安全保险制度，充分发挥社会资源，合理分散政府风险，提高应对公共突发事件的能力，为居民生命财产安全提供更有力的保障。房屋安全保险制度可以在城市部分条件相对成熟的地区先行试点。

四、建立房屋安全全寿命周期管理体系

房屋使用安全关系民生，涉及公共安全，加强房屋安全管理，对确保房屋使用安全、保障人民生命财产安全、维护社会稳定、促进经济发展具有十分重要的意义。党和政府十分关注房屋使用安全，特别是近年来全国各地多起房屋倒塌人员伤亡事故发生后，国家和省、市多次强调要加强房屋安全管理工作。住房制度改革后房屋产权多元化、房屋使用过程中业主或使用人擅自拆改结构或改变使用功能以及人为损坏或维护不当，导致房屋使用安全方面的问题日益凸显。因此，房屋从建成、使用到灭失"全寿命"周期的有效管理显得尤为重要。

2022年4月29日湖南长沙自建房坍塌，致使53人死亡，用血淋淋的教训给我们敲响了警钟。在房屋安全管理方面，各级部门要充分认识到做好房屋安全工作的重要性和紧迫性，一改过去那种重建设轻管理的局面，配合国家开展城市更新活动和消除房屋抗震安全隐患等工作，逐步建立起全寿命全周期的安全管理模式。

随着城市建设和社会经济的快速发展，房地产业也得到了快速发展。房屋安全管理作为建设工程项目管理及城市公共管理的重要部分，全寿命周期管理逐渐成为房屋安全管理的发展趋势。房屋全寿命期中（按 50~70 年计），建设期与使用期维护期之比是（1∶24）~（1∶34）。由此可见，做好房屋的使用安全管理，使用好、维护好房屋，其寿命可延至百年，甚至超过百年。

我国已经过了城市建设大拆大建阶段，城市管理也转为精细化、专业化、人性化，一改过去那种建管分离的状态，从勘察、设计、施工、投入使用乃至最后拆除，全寿命、全周期实现无缝衔接的管理模式，做到建管并重，并通过管理活动使房屋建筑的社会效益和经济效益均能最大化。对建筑物"全寿命"周期进行经济分析也势在必行且更具深远意义。实行全寿命全周期成本的管理模式，既可以抑制"短期行为"，又可以使国家长远效益最大化。实质上，我国颁布的关于基础设施"终生保修"的意思，也是立足于"全寿命"，扭转以往那种工程验收后"完事"的做法，使设计和工程承包单位必须考虑"耐久性"问题，也必然涉及增加维护费用，对技术经济进行分析、评价的问题。这也是在基础建设方面，逐渐提高我国的技术水平、管理能力与国际接轨的重要方面。

现阶段，我国还没有一部现行的国家层级的法规来专门规范房屋的全寿命、全周期及使用安全管理。在实际操作中，由于缺少上位法的支持，各地对房屋建筑的全寿命、全周期及使用安全管理还做不到步调一致，尤其是全寿命、全周期管理比较缺失。相关职能部门留下了许多法律、行政监管的空白地段。房屋出现问题，谁都能管、谁都不管的现象层出不穷。因此，及时出具一部国家层面管理的法律、法规很有必要。

要实现建筑物的全寿命全周期的管理，必须建立起一体化的管理模式，即打破传统的建造与使用分开管理的模式，建立起从标准规范、市场主体、管理模式等方面实现二者整合的模式。从建筑物的全寿命全周期来看，建筑物的建造、使用及拆除阶段是一个动态的过程，在这个过程中要经历不同的环境变化和多种因素的影响。因此，在进行全寿命周期管理的过程中，不但要考虑这个阶段的某个时点，还应充分考虑不同阶段、不同环境下建筑物的承载能力，形成一套动态的、用以解决设计使用年限各种问题的标准管理体系。

房屋作为城市功能最重要的载体之一，是人们生产、生活、居住必不可少的依靠和保障，城市房屋安全状况的提高需要全社会共同努力。可喜的是，随着法律法规的进一步在各地贯彻落实，房屋安全管理体系正在逐步建立和完善，现代化的管理模式和方法在房屋安全管理领域也得到了进一步的应用。作为值得深耕的重要领域，房屋安全管理一定会在未来行政管理中占有重要的一席之地，可拓展的前景必将十分广阔。